AF590543

P. THÉNARD

Extraits du Moniteur de la Côte-d'Or, années 1855, 1856, 1857 et 1858.

DIJON

IMPRIMERIE ET LITHOGRAPHIE EUGÈNE JOBARD.

1859

I

Aux Propriétaires aisés de terres arables et de prés du département de la Côte-d'Or.

Lorsque le laboureur, courbé sur sa charrue, poursuit avec effort le sillon que cent fois sa charrue a creusé, il ne peut rêver qu'à ses travaux, à ses récoltes, à ses misères; son intelligence, comme sa personne, est clouée à la terre qu'il cultive, et ne lui permet pas de penser aux améliorations qui se pratiquent au loin, encore moins de les comprendre; son ignorance est le fruit amer de la nécessité.

Il n'a pas d'ailleurs reçu cette éducation soignée qui élève le cœur et agrandit l'esprit; il n'a pas non plus une fortune, des relations, des loisirs, qui, bien employés, permettent d'aller au loin étudier les questions qui peuvent être agréables, encore mieux être utiles.

L'indulgence doit donc avant tout présider au jugement que l'on porte sur lui; sa défiance et son obstination ne sont que l'exagération d'une vertu : *la prudence*. Par prudence, il est forcé de s'abstenir de toute expérience, de toute innovation, non-seulement onéreuse, mais même encore douteuse; car le moindre faux pas le jetterait dans cet abîme de pauvreté, dont il est malheureusement si voisin.

Cependant le monde marche, et chaque jour voit dans chaque industrie éclore de nouveaux et d'immenses progrès; l'Exposition universelle de 1855, comparée à son aînée de 1851, en est le plus frappant exemple ; et l'agriculture comme toutes les autres sciences y montre avec profusion ses merveilles.

Quelle part y a la France, quelle part y a la Bourgogne au sol fécond, à la population sobre et robuste? Eh bien, il faut le dire, la France où prospèrent l'olivier, l'oranger, la vigne, le blé, la betterave, le lin et le houblon, où naissent les animaux les meilleurs pour le trait, qui se place une des premières par la variété de ses productions, est loin d'occuper un bon rang pour son agriculture; et quant à la Bourgogne, en dehors des rives délicieuses dont la nature l'a dotée, elle est bien au dessous de la moyenne de la France.

A quoi tient cet état ou plutôt cette anomalie? Allez à l'Exposition, parcourez nos campagnes, vous le saurez bientôt! Pendant que l'Angleterre, la Belgique, les Etats-Unis et jusqu'au Canada nous offrent les spécimens des machines agricoles les plus savantes, les plus hardies, les plus applicables, on ne voit en France, et surtout en Bourgogne, que les rudiments des outils les plus primitifs : une charrue mal bâtie, une herse grossière, un rouleau sans puissance sont les seuls instruments qui nous préservent un peu de la disette et de la famine Ces puissants défonceurs, ces scarificateurs, ces extirpateurs qui, en quelques instants, cultivent le sol avec la plus grande perfection, lui enlèvent les herbes parasites qui nuisent tant aux récoltes, ces semoirs qui économisent la semence et garantissent sa levée, qui distribuent l'engrais dans de justes mesures, ces savantes charrues, ces vigoureux rouleaux qui ameublissent les terres les plus compactes, ces faneuses, ces faucheuses qui délivreraient nos campagnes des fatigues et des maladies qu'engendrent les moissons, n'existent pas même de nom pour nous.

Laisserons-nous passer l'Exposition sans nous en emparer? Considérerons-nous, comme une lettre morte, ce décret où l'Empereur, aussi soigneux des intérêts du riche que de ceux du pauvre, lève la prohibition qui pesait sur ces précieuses machines, et en permet l'entrée au tarif le plus modéré?

Certainement, la Côte-d'Or saura dignement répondre à un pareil appel, et chaque propriétaire aisé n'hésitera pas à faire un léger sacrifice pour doter son pays d'un instrument nouveau, qui contribuera à l'enrichir lui-même, en faisant la fortune de ses propres fermiers.

Mais immédiatement la diversité des goûts de chacun nous apportera la collection complète de ces précieux agents, et ceux-mêmes qui se seraient laissés égarer dans leur choix, s'en consoleront bien vite, en trouvant chez leurs voisins plus heureux les modèles dont l'expérience fera connaître la supériorité.

C'est alors seulement que notre département pourra sortir de l'aveugle routine qui ruine les fermiers et les propriétaires!

C'est alors surtout qu'une noble émulation, rapprochant les deux classes, leur apprendra, par des services mutuels, à s'apprécier et à s'estimer, et bientôt l'affection, basée sur le bienfait et la reconnaissance, viendra servir de digue à ces utopies barbares, que leurs adeptes ambitieux, ignorants et menteurs ont voulu semer au cœur de nos populations.

Mais dans un mois l'Exposition expire; dans un mois elle ne sera plus qu'un souvenir, un beau rêve aux impressions fugitives; toutes les merveilles que le monde entier y a accumulées, seront de nouveau dispersées; il ne sera plus possible alors de les comparer entre elles. Profitons donc du délai qui nous reste! Que l'esprit de routine nous abandonne! L'expérience seule conduit à des résultats nouveaux et heureux; qu'une faible économie ne vienne pas entraver des résolutions aussi utiles que profitables! Qu'un froid égoïsme surtout ne nous fasse pas compter sur les sacrifices d'un voisin généreux! Ce serait une lâcheté pour tout homme ayant un peu d'argent! Enfin, que le concours régional de Dijon, au mois de mai prochain, vienne prouver qu'il y a dans la Côte-d'Or un grand nombre d'hommes intelligents et dévoués aux intérêts de leur pays.

Talmay, le 8 octobre 1855.

II.

Réponse de M. P. Thénard à M. JOANNE.

MONSIEUR LE RÉDACTEUR,

Je viens de lire la lettre que l'honorable M. Joanne vous a adressée, au sujet de mon compte-rendu de la visite de Son Altesse Impériale le Prince Napoléon aux produits de la dixième classe, dont j'ai l'honneur de faire partie.

Ces observations, par leur forme courtoise, ressemblent moins à une critique qu'à un éloge ; d'abord elles prouvent qu'un homme aussi érudit, d'un esprit aussi distingué que M. Joanne, a daigné me lire jusqu'au bout et attacher quelque importance à cette publication. Ensuite, comme s'il craignait de me décourager, tout en me reprochant d'avoir oublié Guyton de Morveau dans ma phrase finale, il veut bien aussitôt m'appeler, en quelque sorte, son successeur : je vous demande combien à ma place ne se seraient pas empressés de commettre la faute pour recevoir le compliment !

Je remercie M. Joanne de ses intentions bienveillantes ; il peut être convaincu que j'y suis très sensible, et que tout en écartant un titre, qui n'est pas dû à mes faibles travaux, il me fait voir un but qui, bien que difficile à atteindre, permet à ceux qui essaient d'en approcher de rendre encore bien des services à la science dont notre brave Bourgogne sait conserver précieusement le souvenir.

Mais revenons à la visite du Prince. La première question est de savoir si j'ai eu tort d'accorder l'invention des vêtements de caoutchouc à l'Angleterre, au détriment de la France; la seconde d'expliquer comment le nom de Guyton de Morveau n'a pas été cité.

L'Exposition est avant tout industrielle, par conséquent l'industrie, qui est la réalisation pratique et appliquée des faits scientifiques, y occupe la première place. La science, toute élevée, toute respectable qu'elle soit, se tient pour cette fois à l'écart, comme si ce jour-là elle laissait à l'industrie le soin de la glorifier, pour permettre au monde d'admirer son influence bienfaisante et civilisatrice. Par conséquent, quand on fait un tableau de l'Exposition, il faut rechercher avec soin les noms et les titres de ces hommes modestes, quelquefois obscurs, qui ont eu les premiers la pensée, la hardiesse, et souvent le génie de faire passer dans la pratique les faits abstraits de la science, problèmes difficiles, d'une solution toujours pénible et souvent dangereuse pour la fortune, l'honneur et la position de ceux qui s'en occupent.

Mais où finit la science? Où commence l'industrie?

La science étudie tous les phénomènes que nos sens peuvent saisir, en cherche les rapports, les groupe, et en tire les lois qui les régissent; quelquefois elle fait entrevoir des applications utiles, sans jamais y entrer.

L'industrie applique les observations de la science : il y a donc entre l'industrie et la science, toute la distance du fait philosophique au fait pratique, et le mérite du savant ou de l'industriel se mesure d'après le talent qu'il a fallu à l'un ou à l'autre, pour arriver à la découverte d'abord, et ensuite à son UTILISATION (qu'on me passe le mot); — et suivant les circonstances, suivant les difficultés, le savant l'emporte sur l'industriel, ou l'industriel sur le savant.

Ces principes si simples, trop souvent méconnus, sont la cause habituelle de ces interminables contestations de priorité telle que celle qui s'élève aujourd'hui. — Bien des personnes se laissent aller à croire qu'il suffit de jeter un germe, une idée en avant, au besoin, de faire quelques expériences sans conséquences immédiates et sérieuses, quelques observations qui sautent aux yeux du premier qui regarde, pour avoir le droit de se dire plus tard, le hasard favorisant, l'auteur d'une grande découverte.

Souvent même on oublie de se demander : le germe était-il fécond? L'idée était-elle née viable? L'auteur n'était-il pas entré dans une fausse voie qui a plutôt égaré que servi? Et si quelques passions s'en mêlent, il en est qui s'écrient : puisqu'il avait indiqué le but, puisqu'il avait fait quelques essais, donc il est l'inventeur! C'est à peine s'ils considèrent ce qu'ont fait les successeurs; ils ne s'aperçoivent pas que quelquefois ils ont été obligés d'oublier, de détruire les travaux de leurs prédécesseurs, de remonter à la source première et de recommencer sur des plans tout nouveaux.

Maintenant, quand des siècles ont été nécessaires pour réaliser une grande invention, souvent on se demande : quel est le véritable inventeur? Et il en est encore qui veulent que ce soit le premier qui ait touché à la matière; mais, est-ce la première fileuse qui a tourné un rouet qui a droit à l'invention de la filature mécanique du chanvre, du lin ou du coton?

Est-ce le premier qui, distillant de la houille, en a retiré un gaz combustible, qui a inventé l'éclairage de nos villes par le gaz?

Est-ce celui qui, le premier, a mesuré le temps, qui peut prétendre à l'invention de l'horlogerie?

Est-ce le premier qui a distillé du bois, qui peut se dire l'inventeur de cette grande industrie?

Est-ce le premier qui, animant les roues d'un chariot à l'aide de la vapeur et parcourant à peine 5 kilomètres à l'heure, a droit à l'invention de la locomotive?

Evidemment non; c'est celui qui, tout d'un coup, par une disposition toute nouvelle et inattendue, a franchi l'espace avec une vitesse jusque-là impossible, et qu'on augmente chaque jour en amplifiant son idée.

C'est ainsi que l'histoire, oubliant les inventeurs rudimentaires, a attaché un nom à chaque grande découverte, et a consacré ceux de Franklin, de Watt, de Papin, d'Atkins, de Galilée, d'Huygens, de Lenoir, de Leblanc, de Mollerat, et consacrera ceux de Seguin, de Morse, de Wheaston, etc. On le voit, le raisonnement et une certaine convention attribuent le titre de grand inventeur à celui qui, par l'exécution d'une pensée nouvelle et heureuse, a tout d'un coup transformé la face de la question dont il s'est occupé, et a donné par là un mouvement, une impulsion, une vie toute nouvelle à un ordre de faits dont d'autres ont pu s'occuper avant lui, même avec un succès tel que quelques-uns peuvent aussi mériter le titre d'inventeur.

Hors de cette règle, l'esprit se perd, tout n'est plus que cahos, que chicane, qu'erreur et qu'injustice ; et bientôt le plus fou, le plus absurde, le plus inconséquent qui, par hasard, laisserait tomber sur le papier quelques idées extravagantes, pourrait se trouver un beau jour au rang des hommes les plus célèbres.

Ce n'est certes pas dans cette dernière catégorie que nous voulons placer Réaumur et Fresneau ; mais aussi leurs noms ne doivent pas figurer dans la première, ils doivent prendre tout au plus rang parmi les simples observateurs. — Qu'ont-ils fait? Réaumur vous le dit naïvement! A propos de l'étude de certains cocons : *il me vint une idée singulière*, puis, parlant au conditionnel : *on pourrait faire, avec les matières gommeuses et résineuses employées pour les beaux vernis, des étoffes*, etc.; ensuite il se complait à peindre les avantages qu'auraient ces prétendues étoffes ; et enfin il termine, toujours au conditionnel, en décrivant un procédé qu'il croit possible pour les exécuter ; j'avoue que je ne vois rien là dedans de sérieux, car du temps de Réaumur rien de semblable n'était réalisable ; et en effet, ni lui, ni ses contemporains n'ont rien réalisé! C'est pour moi un des mille romans scientifiques dont les savants de son époque ne se faisaient pas faute ; beaucoup d'idées vagues, décousues, incomplètes, ne reposant sur aucune expérience, n'inspirant confiance à personne, et aussi vite abandonnées qu'elles avaient été conçues.

J'ai vu, j'ai fait, j'ai obtenu, voilà les termes du chimiste, voilà ceux dont il se sert et s'est toujours servi quand il avait *vu*, *fait* et *obtenu;* hors de là, à moins de considérations d'un ordre très élevé appuyées sur des analogies positives, tout n'est plus que fantaisies, caprices, chimères et utopies qui méritent à peine l'attention qu'on accorde aux faits vulgaires et banaux d'une vieille gazette. Quant au chevalier Fresneau, c'est autre chose! il a *vu, fait* et *obtenu,* le fait est positif! il fit lui-même avec du caoutchouc des chaussures imperméables, des bottes pour les orpailleurs, des seaux propres à contenir certains liquides; mais là s'arrêtent ses travaux, et nous retombons dans le roman : il annonce que les populations de nos villes substitueront bientôt aux manteaux de drap des manteaux rendus imperméables, et le BIENTÔT dure cent ans! Je le crois bien, le fait était impraticable avec les procédés du chevalier Fresneau. Que faisait-il, en effet? Il prenait la sève récemment extraite de l'arbre et encore liquide, et il la moulait sur des formes de bottes, de chaussures ou de seaux, absolument comme les Indiens moulaient déjà et moulent encore ces petites bouteilles de caoutchouc que l'on voit pendues en chapelets à la porte de ceux qui les vendent pour amuser les enfants. C'était bien! c'était utile! mais fallait-il des efforts de génie pour copier les Indiens, et cela mérite-t-il le titre d'inventeur de la grande industrie du caoutchouc? Alors quelle part fera-t-on aux Indiens, et n'est-ce pas à eux que reviendrait cet honneur?

Quant aux manteaux promis, j'ai dit que c'était impraticable avec les moyens dont la science disposait; en effet, la sève du caoutchouc est très peu maniable, elle s'épaissit très vite, surtout sous l'influence de l'air, et passe à l'état de gomme, telle que nous la connaissons. C'est, d'ailleurs, un liquide très visqueux, assez peu homogène, qui s'étend très difficilement en couches minces et assez régulières pour en faire des manteaux : toutes les tentatives ont échoué jusqu'ici.

Eh bien, je le demande : qu'y a-t-il de commun entre l'idée vague, oubliée, impraticable des tissus de Réaumur; entre les chaussures et les vases grossiers, les manteaux chimériques du chevalier Fresneau et les mille objets si délicats, si parfaits, dont le caoutchouc compose aujourd'hui la matière essentielle? En quoi ces savants, d'ailleurs distingués, ont-ils contribué à l'industrie actuelle? lui ont-ils imprimé le mouvement et la vie? ont-ils seulement indiqué quelques-unes des propriétés chimiques du caoutchouc qui aient mis sur la voie? Non, le fait est tout moderne! Pour le découvrir, il a fallu un siècle, je ne dis pas de travail, car pendant tout ce temps, sauf Conté qui employa le caoutchouc dans des vernis pour les aréostats, expérience dont le ballon de Fleurus consacre la mémoire, la science et l'industrie laissèrent dormir la question, lorsque tout d'un coup, caché dans le secret de son laboratoire et bientôt de son immense fabrique, Makintosch, l'Anglais, inonda son pays, l'Europe et le monde entier, des précieux produits qui portent encore son nom! Le nier serait nier la lumière; ne réclamons donc pas un bien qui n'est pas nôtre, n'allons pas surtout inventer des inventeurs, car le monde, outré d'une telle injustice, se liguerait contre nous et userait bientôt de justes représailles. D'ailleurs, la couronne scientifique et industrielle de la France est assez belle, elle compte assez de diamants véritables pour qu'il soit inutile d'en ajouter de faux!

Quant au second reproche d'avoir oublié d'adjoindre Guyton de Morveau aux chimistes dont les noms terminent ma revue, son nom, je l'avoue, n'est pas venu sous ma plume. Que ceux qui n'oublient rien de ce qu'ils savent le mieux me condamnent! J'accepte; mais aussi que les autres m'absolvent, je serai satisfait du jugement.

Mais comment ai-je pu oublier notre compatriote? Je vais essayer de le dire : Il me fallait, pour terminer une grande image, une grande pensée : je devais rendre hommage aux efforts réunis des nations qui avaient contribué à réaliser les grands résultats dont je venais de parler; les nommer une à une eût été difficile, fastidieux et injuste; les résumer par les noms de leurs plus illustres chimistes m'a semblé plus digne du sujet. Dans tous les cas, la liste devait être courte, je devais donc être très sévère; évidemment ceux qui, par leurs belles découvertes, avaient rendu d'immenses services à l'industrie devaient être préférés : Guyton de Morveau était-il du nombre? Eh bien, tout en rendant justice à ses lumières et à ses hautes qualités, tout en reconnaissant les immenses services qu'il a rendus à la chimie, je dois dire que non! Ses grands titres sont exclusivement scientifiques, je dirai presque littéraires, car c'est par la création d'une langue chimique nouvelle, de la nomenclature chimique, qu'il s'est illustré à jamais; et puisque je suis appelé à parler sur ce sujet délicat, j'ajouterai que cent fois j'ai entendu les savants les plus éminents répéter : « Jamais un chimiste de métier, presque de naissance, n'eût inventé la nomenclature; car, s'il eût été fort, il n'en eût pas senti » le besoin; s'il eût été faible, il en eut été incapable; il fallait » un esprit d'un âge mûr, profond, distingué, érudit et méthodiste, tel que Guyton de Morveau, se passionnant tout d'un » coup pour la chimie, et peu familiarisé aux noms barbares et » stupides qui encombraient cette science. Tout autre n'eut pas » conçu l'idée de la nomenclature, tout autre n'eût pas eu la hardiesse et le talent de la créer. » Mais là s'arrêtait leur éloge, déjà bien grand; et quant aux travaux de laboratoire, il les classaient très bas. Tel est le jugement de ses contemporains, de ses amis, de ses collègues, de ses admirateurs, tous hommes dont les hautes positions, la haute illustration, ne laissent pas supposer une ombre de jalousie. Penser comme eux, c'est peut-être un tort pour moi, et un tort d'autant plus grand que c'est un tort de jeunesse, et c'est de ce tort, sans doute, que doit venir mon oubli.

Je dois dire cependant, que dans une autre partie du discours Guyton était nommé, et il venait bien à sa place. Malheureusement, plus tard, en relisant cette page, je l'ai jugée un hors d'œuvre; je l'ai donc retranchée, et avec elle a disparu le nom de notre compatriote, sans que je m'en sois aperçu.

Cependant, comme elle peut intéresser les personnes qui suivent ce débat, je vais la rétablir. Elle suivait cette phrase (vers le commencement), *aussi n'est-on pas étonné de voir plus de deux mille exposants figurer dans la dixième classe, et toutes les nations civili-*

sées, et les nations très civilisées seulement, y être largement représentées. « Mais que de belles découvertes se sont faites dans ces » dernières années! que d'heureuses applications. A quoi sont » dùs ces progrès si rapides, si extraordinaires? Comment se fait- » il que l'industrie des arts chimiques, si arriérée il y a soixante » ans, brille aujourd'hui d'un si vif éclat? A un seul fait.

» Il y a moins d'un siècle, la chimie n'existait pas, c'était une » science sans théorie, sans pratique, sans calculs, sans analyse, » sans méthode, c'était une science obscure qui la remplaçait; en » un mot, c'était l'alchimie! Ses adeptes ignorants et menteurs » ne poursuivaient qu'un but, un but chimérique, le grand œuvre » de la pierre philosophale! Ni les combinaisons des corps entre » eux, ni les phénomènes remarquables qu'ils présentent, ni les » applications que l'on en peut tirer, ne frappaient leurs yeux, » ne fixaient leurs pensées : il leur fallait de l'or! — Ce fut vers » cette époque que quelques esprits sortant de cette voie, aussi » ingrate que ridicule, se mirent à observer avec suite et préci- » sion. Bientôt Lavoisier, Richter, Wendrel, Cavendish et quel- » ques autres, réunirent toutes les observations éparses, les com- » parèrent, les constituèrent en corps de doctrine, et en firent » une science. *Guyton de Morveau, lui, créa un langage savant,* » *nouveau et hardi, dans lequel chaque mot exprime la nature, la* » *composition et les propriétés des corps.* — La chimie alors ne fut » plus une énigme, avec ses recettes secrètes et mystérieuses, ce » fut une science immense, aux faits sans nombre, aux lois simples » et correctes, aux applications surabondantes, que de brillants » professeurs exposèrent avec méthode, devant un public assidu, » et qui bientôt, s'élançant des sphères abstraites de la philosophie » dans le domaine de l'industrie, alla y répandre la lumière, le » progrès et la vie. »

Puis j'entrais dans l'Exposition par la phrase :

Naguère les marais salants, etc.....

Après ces explications, j'espère qu'on verra que c'est plutôt une fatalité qu'une intention, qui m'a fait rayer le nom de Guyton de Morveau.

Mais avant de terminer cette longue réplique, dont je demande pardon aux lecteurs. qu'il me soit permis de faire observer que je devais écrire mon article dans le sens des principes qui ont prévalu au sein du jury international en fait de priorité d'invention, et j'espère que les personnes même qui ne les partageraient pas, voudront bien comprendre que c'était pour moi plus qu'une nécessité, car c'était un devoir.

Maintenant que l'honorable M. Joanne soit au nombre de mes adversaires, il n'y a d'abord là rien d'étonnant, mais surtout il n'y a rien d'étonnant quand on songe à la nature de ses travaux. Pendant que M. Joanne consacre sa vie et son érudition à rechercher, avec une rare sagacité tous les documents historiques des siècles passés; pendant que, pour ainsi dire, il cherche à débrouiller le cahos et à remettre chaque chose à son temps, à sa place; pendant qu'il contribue à établir d'une façon solide et savante, la base sur laquelle doit s'élever ou se rectifier l'histoire, moi, au contraire, je devais, dans un cadre rétréci, peindre les hauts faits de l'industrie moderne : les détails minutieux ne trouvaient donc pas place dans mon tableau; les grands traits seuls devaient y être indiqués. Mais loin de moi l'idée de vouloir rayer d'une histoire même succinte, les noms des hommes distingués qui ont contribué d'une manière quelconque aux grandes découvertes, et de ne mettre en relief que ceux qui brillent de l'éclat le plus vif; cette méthode dégoûterait de toute tentative, de tout goût pour les sciences.

On le voit, M. Joanne, fidèle à son passé et à son présent, voulait une histoire, et moi une esquisse. Nous ne pouvions donc nous entendre.

Mais il est un point sur lequel on nous trouvera toujours d'accord, c'est celui du dévouement au pays, de la défense de ses droits et du respect pour ses célébrités, tout en restant scrupuleusement juste envers les étrangers.

Paris, 5 novembre 1855.

III.

Réponse de M. P. Thénard à l'Union bourguignonne.

Monsieur le rédacteur de l'*Union bourguignonne*,

Lorsque le 11 octobre dernier, j'adressais une lettre aux propriétaires aisés du département, où je les engageais à profiter de l'Exposition pour acheter quelques-unes des belles machines agricoles qui y figuraient, lettre toute dans l'intérêt de l'agriculture, et par conséquent des cultivateurs, je m'attendais peu, surtout une fois l'Exposition passée, à la voir devenir le sujet d'une vive polémique, qui dure depuis deux mois, et qui a été soulevée par des personnes qui se prétendent les échos de ces mêmes cultivateurs ; attaques sans but, puisque, dès qu'elles ont commencé, la lettre elle-même n'en avait plus. C'est ce qui fait que, peu soucieux de faire perdre le temps du public à suivre des contestations, d'autant moins utiles, qu'il pouvait facilement juger les opinions adverses, j'ai cru superflu de répondre aux lettres de Messieurs Toussaint et Meugniot, mais voilà encore une lettre de M. Bérard. Comme ces altercations peuvent se continuer indéfiniment, que mes sentiments peuvent continuer à être travestis, je prends le parti de répondre, laissant à mes adversaires la responsabilité de l'ennui que je pourrai causer aux lecteurs.

Je dirai à M. Toussaint : la peinture que vous faites des cultivateurs de nos contrées, ce que vous nous donnez comme le type normal, n'est que l'exception, c'est le beau idéal, c'est le but qu'il faut attendre, mais nous en sommes encore bien loin.

En effet, si je parcours les foires et les étables, j'y trouve bien plus de bétail maigre, chétif, épuisé, que d'animaux vigoureux! Si je visite les champs, j'y vois bien peu d'engrais, mais en revanche beaucoup de mauvaises herbes! Si je compte les récoltes, je trouve pour le blé seulement une moyenne de quatorze hectolitres par hectare, tandis qu'il y en a vingt-deux ailleurs! Si j'ouvre le livre des hypothèques, je vois les agriculteurs singulièrement grevés; si je consulte les propriétaires, ils ont moins de fermages à jour qu'en retard; si je lis un journal, presque chaque numéro m'annonce la vente de quelque train d'agriculture, par suite de poursuites judiciaires; si j'entre chez le cultivateur, son intérieur présente plutôt l'aspect de la pauvreté que de l'aisance.

Cependant, je l'ai dit, nos populations sont sobres et robustes, nos terres fertiles, notre climat tempéré. Pourquoi dans des pays bien moins favorisés retrouve-t-on le portrait séduisant, que M. Toussaint trace de nos cultivateurs.

La moindre observation permet de résoudre la question. Dans ces pays, nul n'est cultivateur, s'il n'a un capital souvent fort important; nul ne prend une ferme avant d'avoir acquis des connaissances étendues, en travaillant dans des contrées diverses, sous des maîtres habiles. Chacun se tient sans cesse au courant des méthodes nouvelles, des progrès les plus récents, pour en faire son profit. Enfin, les procédés, les machines, les races et le nombre des animaux, le genre des cultures diffèrent singulièrement des nôtres.

Chez nous, le cultivateur est pauvre : c'est au village où il est né qu'il apprend son métier; il y vit, il y meurt, sans en être pour ainsi dire sorti. Toutes ses forces, tout son temps, toute son intelligence, sont absorbés dans les travaux pénibles, sans cesse renaissants, qui ne lui laissent pas un instant de liberté, et qui, par conséquent, ne lui permettent pas d'acquérir des connaissances nouvelles et de suivre les progrès, qui pourraient seuls améliorer sa situation. Ainsi, défaut d'argent, défaut de temps, défaut de connaissances, tels sont les éléments fâcheux qui l'entravent.

Que faire dans ces conditions? S'adresser aux propriétaires aisés, qui ont du temps, des relations étendues, de l'argent, une intelligence assouplie par des études sérieuses et abstraites, qui leur permet de se mettre vite au courant des questions qui leur sont étrangères. Leur démontrer que leurs intérêts sont étroitement liés à ceux de leurs fermiers; que par des expériences onéreuses d'abord, mais plus tard productives, ils tireront notre pays de ce fâcheux état, et y gagneront eux-mêmes. Tel est, en résumé, l'esprit de ma fameuse lettre, un exposé de situation malheureusement trop vrai, un conseil qu'une expérience de plusieurs années m'autorise jusqu'à un certain point à donner, et que démontre bon la considération qui entoure certaines personnes de notre département qui ont agi ainsi, et que la reconnaissance publique désigne assez pour qu'il soit inutile de les nommer.

Mais supposons encore que je voie trop en noir, que même le conseil soit mauvais. A qui porte-t-il préjudice? Uniquement à ceux qui ont de la bonne volonté, du temps, de l'instruction, et surtout du superflu : ceux-là s'en tireront toujours! Quant au cultivateur, il a tout à en espérer, rien à en redouter. Peut-on lui faire la part plus belle?

Pourquoi donc tant crier à l'injure? Est-ce parce que j'ai osé dire la vérité à tous? Fallait-il jouer cette comédie de tous les courtisans, de tous les ambitieux et de tous les mécontents? J'ai assez d'indépendance, j'aime assez mon pays, pour ne pas me prêter à de telles complaisances!

Quant à M. Meugniot, je lui dirai : l'éloge si complet que M. Toussaint a fait de votre personne et de vos produits n'était-il pas suffisant pour que vous puissiez vous dispenser d'y ajouter vous-même?

N'y a-t-il que vous de constructeur dans toute la Bourgogne? Pourquoi vous êtes-vous senti plus blessé que les autres? Vous

2.

faites, dites-vous, tous les instruments agricoles, et M. Toussaint ajoute que nos campagnes en sont garnies; mais est-ce une aberration de mes sens? Si je retire la charrue, la herse, le rouleau, les machines à battre, les tarares, quelques rares hache-paille, je vois bien peu de villages où l'on en puisse trouver d'autres, pas de cantons où il soit possible de former une collection tant soit peu complète.

D'ailleurs, pourquoi votre exposition se réduisait-elle à un si petit nombre d'objets des plus vulgaires? Qu'est-ce que ces objets avaient de remarquable, tant sous le rapport de l'invention que de la perfection et du prix? Cela n'explique-t-il pas suffisamment la froideur du jury à votre égard?

Vous nous opposez les récompenses qui vous ont été décernées dans des concours départementaux; mais ne vous y a-t-on pas jugé par comparaison avec vos concurrents? et ces jugements, qui vous ont été favorables en province, défavorables à Paris, ne démontrent-ils pas que l'art de la construction des instruments aratoires est dans l'enfance en Bourgogne, pendant qu'il est en progrès ailleurs?

Vous nous opposez encore un chiffre de 120,000 fr. d'affaires, Que répondrez-vous, si on vous parle de fabriques anglaises qui comptent les ouvriers par milliers, les chevaux de force par centaines, les affaires par millions? N'est-ce pas là un jugement qui vaut tous les autres? Comment écouler de telles masses de produits, s'ils ne sont très divers, d'une bonne exécution, sur des principes parfaits et à des prix très réduits.

Ces faits parlent plus haut que tous les raisonnements. Je les certifie vrais, car j'ai visité moi-même les fabriques : il faut donc s'incliner devant eux. Et quand je veux mettre notre pays à leur niveau, quand je veux introduire le goût de ces précieuses machines, vous avez plus à m'en louer qu'à vous en plaindre; car il faudra les construire, et certainement vous êtes un des mieux posés, je vais plus loin, un des mieux doués pour répondre à ces nouveaux besoins.

Quant à M. Bérard, il se tient dans un juste milieu très peu compromettant. Suivant lui, M. Meugniot n'a pas tous les mérites qu'il se donne. Pour moi, je suis très exagéré, et M. Toussaint pourrait bien être un optimiste. *Entre cette négation qui serait désespérante,* dit-il, *et l'optimisme dont les échos frappent de temps en temps nos oreilles, existe le vaste milieu où nos cultivateurs peuvent se mouvoir à l'aise et où ils trouveront le progrès rapide, aussitôt que la question du capital sera résolue en faveur de l'agriculture.*

Ainsi, il existe un vaste milieu où nos cultivateurs peuvent se mouvoir à l'aise; mais ils ne s'y meuvent pas, et, puisqu'ils peuvent s'y mouvoir, ils sont donc, ou bien coupables, ou M. Bérard est bien sévère à leur égard, ou ils ne peuvent pas s'y mouvoir à l'aise.

M. Bérard ajoute qu'ils y trouveront le progrès rapide aussitôt que la question du capital sera résolue en faveur de l'agriculture, c'est-à-dire lorsque les cultivateurs auront de l'argent; ils ne vendront plus leurs pailles et leurs foins, leurs bestiaux seront nombreux et bien nourris; ils auront de bons attelages, ils remueront profondément le sol, leurs engrais seront riches et abondants, ils feront sarcler leurs récoltes avec soin, ils répareront et assainiront leurs terres, ils irrigueront leurs prés, ils ne craindront plus de perdre un jour ou deux pour se rendre au comice, ou pour aller voir des expériences nouvelles et augmenter leurs connaissances, et par là ils prendront l'habitude d'étudier, de calculer, de comparer, de juger, d'imiter et même d'inventer.

Tout cela est vrai; mais qu'on résolve donc la question du capital? C'est là la grosse affaire, c'est le SI MERVEILLEUX. Et comme jusqu'ici je n'ai vu prêter qu'aux riches, pour moi ce *si-là* est une des mille utopies, une des mille chimères où l'on se réfugie quand on ne sait plus où donner de la tête, ou bien quand on veut payer d'un fallacieux espoir la crédulité publique.

Ce SI trouverait, au contraire, une solution prompte dans l'alliance morale du propriétaire et du fermier, dans cette paternelle et active bienveillance du fort envers le faible, dans cette affectueuse condescendance de l'élève envers son maître.

Le jour, en effet, où, par des moyens qui ne dépasseront pas les forces du fermier, le propriétaire lui montrera des récoltes plus belles que les siennes et obtenues à moins de frais; quand, à l'aide d'instruments d'un effet rapide et sûr, il lui apprendra à économiser un temps précieux que le fermier appliquera à des opérations jusqu'ici négligées, alors le doute inhérent à toute espèce de début disparaîtra bientôt et la confiance prendra sa place; le fermier imitera d'abord timidement, le succès couronnera ce premier effort, et comme rien plus qu'un succès n'appelle d'autres succès, que ses soins, d'ailleurs, seront plus personnels et plus assidus, sa pratique plus longue, bientôt il atteindra des résultats meilleurs que son propriétaire lui-même.

C'est alors que la question du capital sera résolue pour ce cultivateur-là, et résolue d'une manière si complète, qu'il ne sera pas seulement *emprunteur*, mais possesseur de ses écus. Ce que je dis n'est pas un roman, c'est un fait qui se passe sous mes yeux. Pour le voir, il suffit de quelques études, de quelques sacrifices d'un côté, d'un peu de bonne volonté, d'un peu de modestie de l'autre.

Du reste, que ceux qui n'ajouteront pas foi à mon remède veuillent bien en faire l'essai : la recette en est simple, il est peu sujet à de mauvaises conséquences. Seulement, le jour où la question du capital sera *résolue*, ils pourront le cesser ; car, moi-même, alors, je mettrai bas les armes devant mes adversaires, je ne vanterai plus mon baume et je me retirerai ; ce que je fais, Monsieur le Rédacteur, en demandant pardon aux lecteurs de tant de bavardage, leur promettant bien que, quoi qu'on dise et qu'on écrive, je n'y reviendrai plus.

Talmay, le 4 février 1856.

IV.

Rapport sur les Instruments et Machines agricoles au Concours régional de Dijon, 1856.

La classe des instruments agricoles se divisait en deux sections, celle des constructeurs et inventeurs, et celle des importateurs.

Importateurs.

Parmi les importateurs, M. P. Thénard a eu la première médaille d'or pour sa collection d'instruments étrangers. Parmi ces instruments, ceux que les agriculteurs ont le plus goûtés sont : la charrue Howard, qui, attelée de deux chevaux seulement et sans qu'on la tienne, laboure de 16 à 17 centimètres de profondeur sur une largeur de 27 centimètres environ ; la faneuse de Smith et le rateau à cheval d'Howard, qui remplacent facilement vingt personnes dans la saison des foins ; la herse articulée d'Howard, qui cultive rapidement et merveilleusement le sol ; le casse-tourteau de Garett, et le brise-mottes de Croskhill.

Le grand semoir de Garett, qui sème tout à la fois la graine et l'engrais, a généralement effrayé par son prix élevé, son poids considérable, et la complication plus apparente que réelle de son mécanisme ; mais d'après le dire de son propriétaire, ces inconvénients, graves d'ailleurs, seraient largement compensés par d'immenses avantages, puisque tout en réduisant la semence au tiers de ce qu'elle est habituellement, il en assurera la levée.

L'expérience a donc encore à prononcer sur les autres, et si elle est favorable, il n'est pas douteux que nous aurons bientôt des entrepreneurs de semailles, comme nous avons des entrepreneurs de battage, et que, sans débourses considérables, chacun pourra en profiter.

M. Lavirotte a eu ensuite une médaille de bronze pour avoir importé le manège de Pinet à Abilly (Indre-et-Loire) ; ce manège partage à la fois les avantages des manèges fixes, quant à la stabilité, et des manèges mobiles, quant à la facilité du déplacement. Sous ce rapport, nous ne connaîtrions que le manège de Barett qui lui serait supérieur, mais comme la vitesse initiale du manège Pinet est considérable, et qu'il agit à l'aide de roues d'une grande dimension, il lui est bien préférable. Il ne fatigue pas ses axes, comme celui de Barett, et les frottements étant bien moindres, il emploie mieux la force qu'on lui applique.

Nous ne pouvons donc trop appeler l'attention des propriétaires et des agriculteurs sur ce bel instrument, qui réalise l'excellence du genre.

Les deux semoirs de M. Pernollet et de M. Chevalier ont aussi valu la médaille de bronze à leur importateur, M. Michon, président de la Société d'agriculture de Dole. Leur légèreté et la modicité de leur prix les rendraient bien supérieurs au semoir de Garett, s'ils présentaient la même sécurité dans leur emploi.

Toute terre, en effet, convient au semoir de Garett, parce que chaque fendant, étant indépendant des autres, fait suivre toutes les difformités du sol, tandis que les socs rigides du semoir Pernollet demandent des terres bien aplanies et merveilleusement cultivées, ce qui est quelquefois nuisible à la levée, du blé surtout. De plus, dans le semoir de Garett, on voit la graine se distribuer à chaque instant ; cela n'arrive pas avec les deux semoirs dont nous parlons, ce qui est un grand inconvénient, car le cultivateur ignore s'il sème ou ne sème pas, et il est exposé à laisser des lacunes, ce qui serait très préjudiciable.

La première mention honorable a été accordée à M. Lefèvre, de Gevrolles (Côte-d'Or), pour l'importation de la baratte suédoise à force centrifuge.

Tout modeste qu'il paraisse, ce petit appareil a une importance très réelle, car il opère directement la séparation exacte du lait et du beurre. Il suffit de 15 ou 20 minutes par 15 ou 20 litres de lait pour obtenir ce résultat. Mais de plus, le lait ainsi dépouillé de son beurre est encore très propre aux usages ordinaires, car il n'a perdu ni son *caseum* qui en forme la partie la plus nutritive, ni la sapidité. Il peut donc encore être employé à la fabrication des fromages, et il convient même mieux aux estomacs que le lait fatigue à cause du beurre qu'il contient.

Nous ferons cependant un léger reproche au constructeur. Pourquoi l'axe vertical, qui est la pièce qui travaille le plus, est-il en fer blanc, et non pas en fer creux, étiré, épais et fortement étamé? Pourquoi la partie frottante de cet axe est-elle renforcée par un tourillon de cuivre qui, par négligence, peut s'oxider, en présence du lait surtout, et mettre en contact une substance vénéneuse avec le lait lui-même? Rien n'est plus facile que de remédier à cette légère critique de détail, et alors rien ne manquera à l'appareil.

Si M. Godin, notre célèbre agriculteur du Châtillonnais, n'avait eu une médaille d'or pour ses laines magnifiques et ses autres produits agricoles, nous serions très affectés de ne lui voir que la troisième mention honorable pour ses instruments importés. La fouilleuse et la houe de Garett, pour cultures distancées à 40 ou 50 centimètres, la machine de Beutoll et la herse d'Howard, que l'on remarquait aussi dans la collection de M. Thénard, eussent valu mieux qu'une mention honorable.

Constructeurs.

MM. Rouot père et fils, à Châtillon, ont présenté un grand battoir à blé, avec mise en train par manège et transmissions par courroies, qui a été récompensé par la 2e médaille d'or.

Cet appareil immense présente, sur les battoirs généralement adoptés dans nos pays, l'avantage de ne pas briser la paille. Est-ce un bien? est-ce un mal? A Paris, on n'hésiterait pas à dire : c'est un bien! En Bourgogne, la majorité répondrait : c'est un mal!

A Paris, en effet, le prix de la paille est très élevé, les locaux pour la placer sont très exigus, les transports coûteux; il y a donc avantage à se servir de la paille longue et nerveuse, parce qu'il en faut moins pour faire la litière et qu'elle dure plus longtemps. Mais en Bourgogne où le cultivateur a de la place, où il est forcé de transformer la paille en fumier, où surtout elle est à bon marché, les circonstances changent et les qualités du battoir Rouot sont moins recherchées. — Aussi, n'est-ce pas cela qui l'a fait le plus apprécier du public; il doit surtout son succès aux heureuses dispositions que ses auteurs ont prises pour mettre les ouvriers à l'abri des poussières insalubres qui nuisent tant à leur santé, et qui ont été généralement négligées dans les autres battoirs.

Après ces appréciations générales, il restait à connaître le rendement et la perfection du travail de la machine; le jury avait nécessairement des données suffisantes pour les juger sous ce point de vue, qui est le plus important, mais ne l'ayant pas vue fonctionner, nous ne pouvons qu'en louer la parfaite exécution.

La 1re médaille d'argent a été accordée à M. Tisserand, pour un nouveau modèle de machine à faire les tuyaux de drainage.

Comme dans toutes les machines de ce genre, M. Tisserand donne la forme au tuyau en obligeant la terre à passer à travers un orifice annulaire pratiqué dans une plaque de métal. C'est donc par le mode d'appliquer la pression que la machine de M. Tisserand se distingue des autres.

Dans les machines les plus généralement employées, c'est un piston ordinaire, se mouvant dans une boîte ronde ou carrée, qui produit la pression.

Dans la machine de Takeray, c'est une paire de cylindres qui, d'un côté, aspirent la terre, et la refoulent de l'autre; dans celle de

Clayton, c'est une hélice. Le point important, c'est surtout d'économiser la force et de charger rapidement la machine quand elle le demande.

Or, toute ingénieuse que soit la machine de M. Tisserand, comme la pression s'exerce à l'aide d'un clapet analogue à celui de certaines pompes rotatives, et qu'au milieu de terres compactes il doit se produire des frottements très durs, que d'ailleurs il faut que le servant soit toujours en action pour la charger, et qu'à la moindre inattention il peut se faire couper les doigts; qu'enfin, elle présente un point mort toujours nuisible à la perfection et à la rapidité du travail, il ne nous est pas démontré qu'elle sera préférée aux machines employées et peut-être eût-il été meilleur de laisser au temps le soin de juger la question. Les concours régionaux sont annuels; ce que l'on ne fait pas une année, on peut le faire une autre, et ainsi, moins que dans les grandes expositions qui sont rares, on risque de compromettre les intérêts des industriels en les faisant un peu attendre.

M. Converset-Cadas, qui a eu la 2e médaille d'argent, a exposé des instruments très connus, mais perfectionnés dans leurs détails et d'une très bonne exécution. Son coupe-racines surtout a attiré l'attention des cultivateurs par sa solidité, sa rapidité et sa précision. L'Exposition universelle n'a rien offert dans ce genre qui fut supérieur, et messieurs les fabricants d'alcool de betterave par le procédé Champonnois pourront, en toute sécurité, demander des coupe-racines à M. Converset, pourvu qu'ils l'avertissent de l'usage auquel ils le destinent, afin que, par un réglage spécial, l'instrument coupe plus mince et plus franc, ce qui est inutile et même jusqu'à un certain point nuisible pour des usages purement agricoles.

Le pressoir de M. Lemonnier Jully, de Châtillon, est dans son genre un véritable chef-d'œuvre : puissance, solidité, simplicité, service facile, volume restreint et locomotion, telles sont ses principales qualités.

Il a tous les avantages du pressoir à vis fixe et verticale, avec tous ceux du pressoir Voillon, sans aucun de leurs défauts Son mécanisme de roues, d'axes et de pignons effraye peut-être encore un peu, parce que l'on a été si souvent trompé, que l'on se défie maintenant; mais l'on en reviendra, et la médaille d'or attend sous peu M. Lemonnier Jully.

M. Boully-Jolly, constructeur à Bourbonne-les-Bains, qui a eu la 4e médaille d'argent, exposait une houe à cheval, des charrues avec avant-train, et un rouleau à disques chutés, d'une bonne exécution; mais que dire de plus, quand on n'est pas dans les secrets du jury et qu'on n'a pas vu fonctionner les instruments, si ce n'est que M. Boully-Jolly est un excellent constructeur, dont la réputation est faite depuis longtemps et bien à la hauteur de la récompense que le jury lui a décernée.

Si une vie honorable, si la probité la plus sévère, si la considération générale, si un travail assidu et peu rénumérateur, si des services rendus depuis bien des années à des départements entiers sont des titres qui, un jour de concours, doivent militer en faveur d'un homme et trouver bienveillance devant un jury, M. Meugniot est cet homme-là; ce n'est pas sans un serrement de cœur que nous l'avons vu réduit à la 1re médaille de bronze; et malgré notre peine, nous n'aurions pas osé publier notre aveu, si nous n'avions rencontré le même sentiment, non-seulement chez les nombreux amis de M. Meugniot, mais encore chez ses concurrents, et, bien plus, chez ses adversaires. Que M. Meugniot, réduit à ses propres ressources, comprimé par le goût public, qui n'admet que difficilement des instruments nouveaux et d'un prix fort élevé, n'ait pas présenté des instruments aussi parfaits que les meilleurs tirés de pays extrêmement avancés, cela est vrai dans certaines limites, et nous avons applaudi de grand cœur aux succès obtenus par nos importateurs; mais M. Meugniot n'en est pas moins le plus important et le plus varié des constructeurs qui ont paru au concours; bien plus, il est celui qui possède assez la confiance du public pour propager rapidement les appareils nouveaux qui ont eu le plus de succès.

Qu'on ait accordé la 2e médaille de bronze à M. Guillegoz,

directeur de la Ferme-Ecole de Saint-Remy, lorsque cet éminent agronome a rendu de très grands services, nous applaudissons et tout le public avec nous; nous trouverions même la récompense au-dessous du mérite; mais qu'on ne l'accorde pas à une charrue banale du prix énorme de 150 fr., et surtout à un pistolet de salon, destiné soi-disant à tuer les taupes. — Quoi! ce joli joujou en acier si poli, si brillant, aux ressorts si fins, si élastiques, si bien trempés, va être enterré dans le sol humide d'un jardin, exposé à toutes les intempéries, je me le demande, à quoi ressemblera-t-il au bout de huit jours d'embuscade? Ensuite un pistolet pour tuer les taupes, n'est-ce pas plus qu'un cabestan pour lever une feuille, car il n'est pas un jardinier qui n'attrape plus de taupes, quand il veut s'en mêler, en moins de temps qu'il ne lui en faudrait pour charger le pistolet. Cependant, comme nous pourrions nous tromper, comme notre critique pourrait être injuste ou trop sévère, nous demanderons combien l'on a vendu de pistolets semblables, ou même combien on a enregistré de décès dûs à cette arme, plus meurtrière ce nous semble pour les jardiniers que pour l'ennemi qu'on veut abattre.

Les bêches et outils de drainage de MM. Falatin et Chavannes, maîtres de forges à Bains (Vosges), qui ont obtenu la 3e médaille de bronze étaient d'une bonne exécution et à des prix modérés; quelques connaisseurs cependant les auraient voulu plus forts, d'une coupe verticale, à arêtes plus parallèles, et formant plus la gouge, surtout pour les grandes bêches; de notre côté, nous aurions désiré voir les instruments neufs mis en opposition avec de vieux instruments de même modèle et ayant servi plusieurs années. Cette idée, d'ailleurs, ne nous appartient pas : elle est de M. Paupion, d'Heuilley, si connu dans nos contrées pour ses excellentes bêches et outils de drainage, et qui l'avait mise à exécution. L'exhibition, du reste, n'a pas servi à grand'chose, puisque M. Paupion n'a même pas eu une mention honorable. Le public a été quelque peu surpris, et malgré son insuccès, l'exposant a emporté de nombreuses commandes.

M. Chevigny, à Bèze (Côte-d'Or), est un des fondateurs et le directeur, d'une des plus anciennes et des plus importantes fabriques de tuyaux de drainage de la France. Le 15 novembre dernier, il recevait une des rares médailles de 1re classe (argent) décernées à cette industrie à la suite de l'exposition universelle; depuis, sa fabrication n'a fait que s'accroître et se perfectionner. Au concours régional, il a obtenu la 4e médaille de bronze.

Quelque simple que paraisse un tarare, un bon tarare est cependant chose assez rare, et nous connaissons beaucoup d'agriculteurs et d'agronomes distingués qui se plaignent de ceux qu'ils emploient; c'est qu'en effet la régularité dans l'écoulement de la charge, la mesure du vent à donner pour séparer les feuilles et les bouffes du bon grain, sont des conditions délicates à remplir, et comme, d'ailleurs, on arrive toujours, même avec un mauvais tarare, mais en sacrifiant du temps, au résultat qu'on veut atteindre, la perfection de ce genre d'instruments n'a pas assez été généralement recherchée : aussi le tarare à crible oscillant et à distribution, de M. Thevenin de Recey-sur-Ource, a-t-il été fort goûté, c'est avec plaisir qu'on l'a vu récompensé d'une médaille de bronze; nous demanderons seulement à M. Thevenin de tâcher de baisser le prix de 150 fr. auquel il l'a coté, car peu de cultivateurs pourront mettre une pareille somme dans un tarare, fût-il même excellent.

La 7e médaille de bronze a été attribuée à MM. Guillier et Colotz de Dijon, pour leurs tuyaux de drainage; c'est avec la plus vive satisfaction que cet encouragement et cette récompense des efforts soutenus de MM. Guillier et Colotz a été accueillie, surtout par ceux qui connaissent toutes les difficultés que présente, pour la fabrication des tuyaux, le travail des terres voisines de Dijon.

Les plus beaux tuyaux de drainage, les plus parfaits quant à la forme, ont été exposés par MM. Blondeau frères. Certainement si les produits courants de leur fabrique ressemblent aux échantillons qu'ils ont exhibés, la 9e médaille de bronze, récompense qu'ils ont reçue, est bien insuffisante; mais si, au contraire, comme des méchants sans doute l'ont dit, ces échantillons ont été préparés en vue du concours, alors tous les éléments d'appréciation nous manquent, nous ne pouvons nous en rapporter qu'aux lumières plus spéciales du jury.

La 10ᵉ médaille de bronze est échue à M. Maulbon d'Arbaumont, propriétaire à Dijon, pour ses mires de nivellement et un modèle de filtre ascendant pour drainage. Les mires de M. d'Arbaumont sont à la fois très ingénieuses, très simples, d'un usage facile et d'un effet sûr; de plus, elles viennent avec avantage remplacer des instruments chers, d'un maniement difficile et long, des calculs nombreux. Quant à son filtre ascendant, nous n'en avons pas bien deviné le jeu et la portée : dans tous les cas, M. d'Arbaumont est un de nos premiers draineurs, et ses nombreux et utiles travaux ont encore fait applaudir davantage à son succès.

MM. Daurey et Cie, à Dole, ont présenté une batteuse locomobile nettoyant le grain en même temps qu'elle le bat, qui a obtenu la 2e mention honorable. Les dispositions de cette machine sont ingénieuses, elle est à la fois d'un volume réduit et n'exige aucune préparation pour fonctionner ; elle est essentiellement locomobile, et, sous ce rapport, ses auteurs ont parfaitement atteint leur but; mais ne donne-t-elle pas trop de tirage; son manège, d'un petit diamètre, ne tord-il pas la colonne vertébrale des chevaux; son centre de gravité n'est-il pas trop élevé? Ce sont des questions importantes, mais qu'on ne peut résoudre qu'en voyant fonctionner l'appareil. Espérons qu'au prochain concours un temps plus favorable et des mesures bien prises mettront le public à même de juger, non pas des machines au ratelier, mais bien des machines en mouvement ; et devrait-il en coûter quelques milliers de francs, ils seront bien employés, car les expositions ne sont pas seulement faites pour les exposants et les jurés, elles le sont surtout pour l'instruction du public; or, si le public se compose presque exclusivement de cultivateurs, il a besoin de voir fonctionner les appareils; car l'agriculteur sage et même éclairé ne juge ni sur des *on dit* ni sur des préférences de goût; mais sur des résultats qu'il touche du doigt. Il faut donc lui montrer ces résultats et ne pas se contenter de les énoncer; c'est, du reste, ce que le département de la Côte-d'Or a compris en ouvrant un crédit à son budget pour le fonctionnement des machines agricoles. Nous verrons bientôt quels résultats ont donné les expériences faites à la Maladière le lendemain du concours.

Talmay, le 26 mai 1856.

V.

Discours de M. P. Thénard au Comice agricole de Fontaine-Française, le 5 octobre 1856.

Messieurs,

Quand je me demande ce qui m'a valu l'honneur de vos suffrages, à moi étranger et presque inconnu dans votre canton, je ne puis attribuer cette haute faveur à mon propre mérite : car je vois autour de moi bien des hommes plus dignes d'occuper cette place ; il faut donc qu'une idée moins personnelle et plus sérieuse vous ait guidés dans votre choix. Vous avez voulu compter parmi les membres de votre bureau un étranger, justement parce qu'il était étranger, espérant qu'à défaut de ses propres lumières il vous apporterait celles de son pays. Je vous en remercie donc, non-seulement pour moi, mais plus encore pour le canton auquel j'appartiens, et qui pourra ainsi profiter des enseignements que vous m'aurez donnés.

Cependant, en dehors de toute préoccupation personnelle, nulle pensée n'est peut-être plus féconde que celle de recevoir des agriculteurs de contrées différentes et cependant analogues, car, si le contact, la transmission des idées, la discussion des faits sont pour toutes les sciences le plus puissant élément de progrès, combien n'est-ce pas plus vrai pour l'agriculture, science éminemment de détails, de localité, et qui emprunte tout à toutes les autres sciences?

» Que peut d'ailleurs l'homme qui vit isolé, livré à ses propres forces, aux seules ressources de son intelligence, contre celui qui, tout à la fois éclairé par les leçons du passé, l'est encore par les observations du présent et le concours des lumières de son voisin? S'il fallait un exemple, je vous demanderais : Qu'étaient les sciences il y a quatre siècles, avant l'invention de l'imprimerie, la création des écoles et des académies? un amas de faits incohérents, de recettes empyriques, d'hypothèses absurdes! Que sont-elles devenues depuis? La machine à vapeur, les chemins de fer, les machines à filer et à tisser, la photographie, lé sucre et l'alcool de betterave, le télégraphe électrique et mille autres applications immenses qui nous frappent les yeux et dont nous profitons tous et tous les jours, nous disent assez qu'elles ont transformé la face du monde, et exercé sur l'homme l'action civilisatrice la plus puissante. — Et quant à l'agriculture, la plus ancienne des sciences, la plus vaste, la plus importante de toutes les industries, où l'a-t-on vu, où la voit-on tous les jours faire les progrès les plus rapides? Où les prairies artificielles, où la culture de la betterave ont-elles pris naissance? Où voit-on éclore ces précieuses machines qui cultivent le sol avec la plus grande perfection, et, confiant le travail à l'effort des seuls animaux, viennent rendre à l'homme son véritable rôle? Qui a créé ces races d'animaux, ces variétés de plantes tellement modifiées pour les besoins auxquels on les destine, que c'est à peine si on peut connaître les espèces primitives? Où ont été perfectionnés, étendus et multipliés ces modes d'assainissement qui transforment les terres les plus marécageuses en champs sains et fertiles? Où se pratiquent sur la plus large échelle ces irrigations qui fécondent les plus arides prairies? Où sont connus et appliqués ces riches engrais tirés des îles les plus lointaines, ces amendements divers qui enrichissent les sols les plus pauvres? N'est-ce pas en Angleterre, en Belgique, en

Flandre et en Alsace? Pourquoi donc avec notre sol si fécond, nos populations si sobres, si laborieuses, leur sommes-nous inférieurs?

C'est que jusqu'ici, chez nous, l'agriculture est restée pour ainsi dire une *science de famille;* c'est que l'agriculteur a vécu jusqu'ici isolé, sans secours, sans conseils, sans critiques, sans exemples, sans moyens de développer ses idées, de poser ses questions; qu'il n'a guère hérité que des pratiques de son père, qui les lui a laissées d'ailleurs telles qu'il les avait reçues lui-même du sien ! Tandis que, dans les pays que je viens de citer, les expositions, les concours, les comices, en répandant les bonnes méthodes, en préconisant les résultats heureux par l'aiguillon de la lutte, la crainte de la défaite, l'ambition du succès, ont développé chez lui l'amour et l'audace du progrès ! L'aisance venant ensuite développer chez lui l'intelligence, il a pu concevoir, étudier, exécuter les entreprises hardies qui l'ont bien vite conduit au comble de la prospérité.

Chez nous, au contraire, notre isolement nous a rendus stationnaires; les autres avançant, nous sommes devenus inférieurs! Mais aujourd'hui tout change, et chaque agriculteur commence à voir dans des améliorations, d'ailleurs assez faciles, non-seulement une source de fortune, mais encore le moyen de remplir la noble mission que la Providence lui a confiée, celle d'assurer au pays le pain de chaque jour.

Rallions-nous donc tous : que l'esprit de bienveillance, de progrès, de concorde nous anime! Qu'à l'exemple du monarque qui vient de remplir la France de tant de gloire et qui, pour en augmenter encore la richesse, ne dédaigne pas de se faire agriculteur lui-même, le grand propriétaire sente qu'aussi bien que le pauvre il doit son temps à son pays; que si le ciel lui a fait des loisirs, c'est pour les employer à des études utiles ; s'il lui a départi la fortune, c'est pour le mettre à même de faire des recherches que lui seul peut tenter. Que le pauvre comprenne qu'on travaille pour lui; que bien des santés s'usent, des veilles se prolongent, des sommes s'engloutissent pour améliorer son sort; qu'il voie donc ces essais d'un œil encourageant, et qu'au jour du succès il les imite! C'est ainsi qu'il paiera le juste tribut de la reconnaissance.

Avec ces principes, messieurs, peu d'années s'écouleront avant que votre comice ait régénéré l'agriculture du canton, et marqué par là son passage par d'immenses bienfaits.

VI.

Allocution de M. Paul Thénard, lors de la distribution des prix du concours de Fontaine-Française, le 5 octobre 1856.

Mes amis,

Après les agitations d'une politique aussi ardente que périlleuse, après le vide de discussions philosophiques aussi dangereuses que vaines, après le développement peut-être trop rapide des arts industriels, après une guerre aussi formidable que glorieuse, la France, fatiguée d'illusions, satisfaite de gloire, confiante dans la sagesse et le génie de son souverain, tourne enfin ses regards vers l'agriculture, source première de toute prospérité, de toute sécurité, et par là de toute grandeur!

C'est donc sur nous gens des campagnes, petits, moyens et grands propriétaires ou fermiers, simples manœuvres, humbles et précieux serviteurs de nos fermes, que se fixe aujourd'hui l'attention du pays, c'est à nos efforts qu'il demande de faire cesser une disette qui dure depuis quatre ans, et de l'affranchir du tribut honteux qu'il paye, pour son alimentation, à la nation barbare qu'il est allé combattre et vaincre!

Notre devoir, notre honneur, notre intérêt, sont donc plus que jamais engagés, et malgré l'intempérie persistante des saisons, malgré le manque de bras de plus en plus sensible, il faut que nous sachions satisfaire au plus vite à sa juste attente.

Le concours d'aujourd'hui prouve, une fois de plus, que le canton de Fontaine-Française peut entreprendre sa tâche avec la certitude du succès; réjouissons-nous donc de ces heureux pronostics, applaudissons avec sincérité aux vainqueurs, et tout en leur demandant de faire plus encore, imitons-les, ou mieux tâchons de les devancer.

C'est alors que, fiers de nos produits, nous pourrons figurer avec avantage dans ces expositions où l'univers entier est convié, et grossir les rangs de ces agriculteurs qui soutiennent si vaillamment l'honneur de cette belle contrée, si bien nommée *Côte-d'Or*.

Mais, il faut le reconnaître, avant d'en arriver là il nous reste encore beaucoup à faire; ne m'en voulez donc pas trop si, avec l'autorité que me donne l'affection dont vous m'avez donné une preuve si touchante, je mêle à mes éloges quelques critiques, quelques conseils dans cette fête de famille.

Les animaux qui ont paru au concours sont généralement beaux, et comme ils sont d'ailleurs assez nombreux, il serait permis à toute personne étrangère au pays de conclure que le reste leur ressemble ou à peu près, conclusion vraie pour tous les pays qui ont des races qui leur sont propres. Eh bien! s'il passait du champ du concours à celui de la foire, que verrait cet étranger? La main sur la conscience, n'éprouverait-il pas un grand désenchantement, une grande désillusion? Et vous-mêmes, habitants du pays, cultivateurs, connaisseurs en bétail, n'avez-vous pas souvent éprouvé le même sentiment? N'avez-vous pas été stupéfaits de ce contraste frappant? Ne vous êtes-vous pas demandé pourquoi il existait une si grande différence? N'avez-vous pas plus d'une fois pensé qu'il serait possible et même facile de se rapprocher davantage de ces types exceptionnels? j'en suis convaincu, je le lis dans vos regards, mes paroles ne sont que l'écho de vos pensées!

C'est donc là un grand mal, un mal qu'il faut réparer au plus vite ! Car, aussi bien que moi, vous le savez : le bétail, mais le bon bétail seulement, est le pivot sur lequel roule toute bonne agriculture : en effet, sans bétail, point de fumier, point de belles récoltes et surtout point de récoltes assurées. Or si le bétail est mauvais, il devient une charge au lieu d'être un profit, naturellement s'il est une charge on en réduit la quantité afin de réduire la perte, alors tout décline, tout succombe à la fois !

Par conséquent pour progresser, pour atteindre les résultats que le pays réclame de nos efforts, il faut donc avant tout commencer par réformer notre bétail ; mais ne vous alarmez pas de mes paroles, elles n'ont rien qui doive vous faire craindre ou abattre votre courage, Déjà une grande expérience est faite, elle doit vous inspirer toute confiance : il est démontré que, sans frais extraordinaires, nous pouvons produire des animaux excellents, dignes de rivaliser avec les meilleurs ; tous les concours le prouvent, tous les hommes spécialement versés dans cette matière en ont la certitude, et, dans son rapport sur les chevaux de la Côte-d'Or, M. le commandant du dépôt de remonte de Favernay les proclame les meilleurs de sa circonscription, qui comprend cinq grands départements ; mais malheureusement ils sont les moins nombreux ! Pourquoi cette singulière anomalie ? Pourquoi sont-ils les meilleurs ? Pourquoi les moins nombreux ? Voulez-vous le savoir ?

Ils sont les meilleurs parce que vous avez un bon climat et de bons fourrages, parce que, depuis trente-trois ans, le département ne cesse de faire des sacrifices considérables pour mettre à votre portée, soit comme distance, soit comme prix, des étalons de choix et du sang le plus pur ; parce que l'Etat vous a dotés de dépôts où il entretient des chevaux du plus grand prix : voici la source des meilleurs chevaux ; malheureusement, et les chiffres le démontrent, à peine un cultivateur sur cinq profite-t-il de ces énormes avantages, avantages tels qu'ils nous sont enviés par nos confrères des départements voisins. Les quatre cultivateurs, sur les cinq qui ne vont pas au haras, soit par une fausse économie de temps ou d'argent, soit par la crainte de ne pas voir leurs juments aussi sûrement remplies, préfèrent les livrer à de mauvais poulains de ferme qui n'ont ni forme ni sang; bien plus, pour peu que ces poulains leur paraissent vigoureux, ils voient en eux, dans leur paternelle admiration, des animaux supérieurs; ils vont jusqu'à s'illusionner à croire qu'ils les vendront comme reproducteurs, et finalement ils perdent et le poulain et le produit, et leur temps et leur argent : voilà la source des plus mauvais et des plus nombreux chevaux, et comme la remonte les refuse, voilà pourquoi elle trouve à la fois les meilleurs chevaux, mais la moins grande quantité. Voilà pourquoi votre conseil général a, dans sa dernière session, tout en votant 2,400 fr. de primes nouvelles pour encouragements à la race chevaline, pris à l'unanimité la décision aussi sage que sévère de refuser toute espèce de récompense aux poulains qu'on présenterait au concours sans les avoir castrés, quels que soient d'ailleurs leur mérite et leur origine.

Ainsi, pour commencer, renoncez donc à la fatale pratique de faire la monte de vos juments avec vos propres poulains; allez aux étalons départementaux ou impériaux, et restez convaincus qu'un seul extrait de sang, d'une qualité passable, tout décompte fait, vous rapportera bien plus que deux qui seraient issus des chevaux que nous proscrivons ici.

Quant à la race bovine, elle est bien inférieure encore à la race chevaline; pendant que dans l'une, en effet, on rencontre à chaque instant les traces du sang percheron et même du sang anglais, dans l'autre on ne voit aucune unité de principe : le Charollais, le Comtois, le Fribourgeois, le Schwitz et le sang du pays s'y trouvent confondus tour à tour et sans discernement; on ignore vraiment quel but ont pu avoir les éleveurs dans ces mélanges étranges; ou mieux on distingue qu'ils n'en ont eu aucun, que le hasard a tout fait, et Dieu sait seul ce qu'il a fait.

C'est là une grave erreur; car, à moins de faire des expériences coûteuses et longtemps continuées, on ne doit pas changer aveuglément de race; les pays renommés pour l'élevage sont là pour nous l'apprendre.

Dans chacun, vous n'y verrez qu'une seule race remarquable par l'identité de la forme, de la taille, des membres, du tempérament et même des couleurs.

Comment et pourquoi en est-il ainsi? La réponse est faite : dans chacun de ces pays, une longue observation a fait connaître que les plus gros bénéfices étaient fournis à telle ou telle nature d'animaux, et de temps immémorial tous ceux qui ne se sont pas exactement trouvés dans les conditions exigées ont été impitoyablement rejetés comme reproducteurs.

Chez nous, rien de semblable n'a jamais été fait; de plus, au lieu d'entretenir nos taureaux dans de gras pâturages ou dans des étables où on ne les laisserait manquer de rien, nous les envoyons le plus souvent à la vacherie commune, dans des prés maigres et parfois malsains; nous les fatiguons ainsi par des courses pénibles et des saillies trop répétées, qui les épuisent en efforts malheureux. Enfin, les propriétaires intéressés ou les cultivateurs expérimentés président rarement à l'acquisition et au choix des taureaux; ce sont, je puis le dire, car je suis maire d'une commune rurale importante, ce sont les conseils municipaux habituellement incompétents en ce genre de matière, qui se chargent de ce soin.

De là cette race cosmopolite qui nous ruine au lieu de nous enrichir.

Pour réformer tous ces abus, il n'est qu'un seul moyen : il faut que dans chaque commune où ils existent, les propriétaires se réunissent et décident une bonne fois que les taureaux resteront à l'étable, et n'iront pas avec le troupeau commun; par là on sera sûr qu'il ne s'épuiseront pas inutilement. Les produits y gagneront déjà; qu'ils décident ensuite, après mûre réflexion, la nature des services qu'ils demanderont à leurs bêtes. Est-ce du lait? Qu'ils prennent les Flamands, les Hollandais, les Ayrshire, les Bretons ou les Schwitz, suivant la nature de leur climat et la qualité de leurs fourrages.

Si c'est du travail ou de la viande? qu'ils choisissent les Charollais, les Morvandaux, ou les Comtois, quand plus tard les vaches seront améliorées, ils pourront essayer des races plus précieuses.

Enfin, que ce ne soit plus au hasard, par fantaisie, caprice ou par besoin pressant, qu'ils fassent le choix de leurs élèves; qu'avant de les vendre comme veaux au boucher, ils consultent les signes, pronostics certains des vices et des qualités qu'aurait chaque animal, taureau ou génisse, s'il était élevé, et qu'ils conservent tous les bons; ils peuvent être certains de n'en être jamais encombrés. Avec ces mesures si simples, les résultats favorables sont assurés d'avance, et, en les pratiquant, vous pourrez être certaines que moins de dix ans suffiront pour que tout soit changé.

Quant aux moutons, partout où ils sont possibles, partout où ils ne contractent pas de funestes maladies, ils font la fortune de l'éleveur. Ce que je vous dis là, je le vois depuis mon enfance; il est un vieux fermier, riche par ma foi, qui m'a porté dans ses bras, et dont je suis resté l'ami, chaque fois qu'il m'apporte ses fermages, il ne manque pas de me dire, en posant son argent sur la table. « *Voici la laine de mes moutons; quant à leur viande, quant au blé et à l'avoine, quant à mes bœufs, mes chevaux et mes vaches, vous n'en verrez pas plus cette année que les autres.* » Et il se moque de moi, parce que dans mes cultures je ne puis pas tenir de moutons; je dispute, je querelle, je me défends, mais n'importe, le bonhomme a raison. Aussi, sournoisement je me dépêche de drainer et d'assainir mes champs, et je vous le promets, je finirai bien par avoir des moutons.

Mais quelle race choisir? C'est là mon embarras. Sera-ce le *southdown dishley*, qui réussit dans les pays humides? Il donne beaucoup de viande, et de la bonne, mais la laine est médiocre et la race coûte fort cher. Si j'étais dans vos pays de collines, à sol sec et caillouteux, je prendrais encore plus par profit que par patriotisme les *negreti Godin*, dont à juste titre Châtillon est si fier, et que toute l'Europe nous envie, ou bien les *mérinos Mauchamps*, que Gevrolles fournit à de si bonnes conditions. Six ou sept kilogrammes par toison, de la laine la plus fine, la plus longue, la plus élastique et la plus nerveuse, méritent bien quelques égards, et je m'étonne que vous n'y fassiez pas plus d'attention. Châtillon, pourtant, n'est pas si loin; son sol et son climat sont analogues aux vôtres, pourquoi donc ne pas essayer? Il y a dans cette expérience, si elle est favorable, toute une source de fortune, toute une révolution.

Tel est, en résumé, un petit coin du tableau de notre force et de notre faiblesse. Force déjà grande, puisque chez nous la nature ne met aucun obstacle à la généralisation des beaux animaux, mais qui s'augmente singulièrement encore puisqu'elle s'y prête merveilleusement. Faiblesse bien réparable, puisqu'il suffit d'apporter plus de soin au choix, à l'entretien et dans l'usage des animaux reproducteurs, pour la faire disparaître.

Avec de tels avantages, mettons-nous donc à l'œuvre, commençons avec courage, continuons avec persévérance cette rénovation du bétail, point de départ de toute agriculture perfectionnée. Après cette première réforme, les autres améliorations seront des plus faciles, elles viendront d'elles-mêmes, mais surtout restons bien convaincus qu'au point où nous en sommes, avec les éléments de succès que nous avons pour arriver au but, il suffit de *vouloir;* mais il faut *vouloir* sans cesse, sans restriction, sans mollesse; il faut *vouloir* avec sollicitude, avec unanimité, avec ensemble; il faut *vouloir* enfin, comme on veut quand on aime son pays, et que de la volonté dépend sa prospérité, sa sécurité et sa grandeur! Que cette pensée vous frappe.

Et alors, me amis, vous saurez tous *vouloir* et bien *vouloir*.

Fontaine-Française, le 5 octobre 1856.

VII.

Concours régional de Bar-le-Duc.

Monsieur le Préfet,

Je n'ai pas oublié votre recommandation, et je m'empresse de vous écrire aussitôt que je le puis, car je comprends votre impatience et votre inquiétude.

Eh bien, réjouissez-vous, ils ont été beaux, ils ont été magnifiques, nos Bourguignons. Ils ont même été si beaux, si magnifiques, qu'ils ont fini, faute d'adversaire qui leur put résister, par lutter ensemble.

Pour les machines, il y avait deux médailles d'or seulement. Lemonnier Jully a enlevé la première à Rousselet, qui a eu la seconde.

Pour les laines, il a fallu M. Godin pour arracher la médaille d'or à Guenebault, à qui alors la première médaille d'argent est restée.

Pour les béliers mérinos, Japiot et Guenebault encore ont commencé par tout mettre en déroute, et ils ont fini par se disputer entre eux les deux médailles d'or; j'ignore encore comment ils ont fait le partage. Je ne vous parle pas des médailles de bronze et des mentions honorables; il y en a pour tous les autres, et plus des premières que des secondes, et tout cela enlevé d'emblée, sans contestations, à l'unanimité : mais aussi nous avions de fins connaisseurs.

Quant aux vins, je m'en défiais, je les ai donc goûtés à moi tout seul, et, comme ils étaient un peu fatigués du voyage, je les ai mis, pendant quelques heures, dans de l'eau glacée. Ils ont alors paru ce qu'ils sont et produit, comme toujours, leur effet merveilleux ; ils seront vantés dans le rapport, je vous en réponds bien !

Vous le voyez, la campagne est *assez bonne* : malheureusement elle donne raison à cette phrase d'un de mes rapports au Conseil général, où je terminais en disant : *Honneur donc à nos cultivateurs montagnards, offrons les en exemple à ceux de la plaine!*

Cela ne se vérifie que trop bien aujourd'hui, et j'ai peur que ce diable de petit Châtillon, avec ses cinq médailles d'or et le reste, ne devienne si fier et si redoutable que personne de la plaine n'ose se mettre en voie de lutter avec lui.

Mais enfin, à force de dire et de faire, on en viendra peut-être à bout, et alors gare les autres ! Ils feront aussi bien de rester chez eux les jours de concours et de se mettre aux fenêtres pour nous voir battre ensemble sur leur propre terrain !

Mais pardon, Monsieur le préfet, de cette bourrasque : il faut m'excuser, car j'ai eu tant de peine à faire le modeste pendant toute cette journée où nous pleuvaient les médailles de tous genres, qu'il faut bien que je me dégonfle un peu pour recommencer à être un peu sage après cela. D'ailleurs, je le sais bien, la nouvelle vous fera passer sur la forme, et j'espère que vous daignerez agréer, avec votre bienveillance ordinaire, l'expression de mon profond respect.

Votre très humble et très obéissant serviteur,

P. Thénard.

Bar-le-Duc, le 7 mai 1857.

VIII.

Mémoire sur les Fumiers, lu à l'Académie des sciences le 20 avril 1857.

En passant par la plupart de nos villages, surtout après une grande pluie, qui n'a déploré, en voyant couler les eaux noircies par les fumiers, cette incurie des cultivateurs qui laissent ainsi perdre, au grand détriment de la production et de l'hygiène, les parties les plus riches de leurs engrais?

Eh bien, si, après beaucoup de réponses et d'objections plus ou moins sérieuses à vos observations, vous leur dites, surtout dans les pays où la jachère est en honneur, et ils sont nombreux : Mais pourquoi, plutôt que de laisser ainsi délaver vos fumiers, ne les conduisez-vous pas immédiatement de l'étable dans les champs pour les enfouir aussitôt? Ils vous répondront : Le fumier n'est pas fait; il faut, avant de le mettre en terre, qu'il se réchauffe en tas, c'est-à-dire il faut qu'il fermente.

Et le fait donne raison au cultivateur; car le fumier sortant de l'étable et conduit au champ, toute défalcation faite des pertes dues à la fermentation et même à un peu de lavage, profite moins que le fumier convenablement passé.

Si, entrant ensuite dans le détail des cultures, vous lui demandez : Pourquoi accumulez-vous les fumiers de toute une année sur le huitième, le sixième, le quart, le tiers ou la moitié de vos champs, au lieu de le répartir chaque année par portions égales ou à peu près sur toute la superficie de votre ferme? Après vous avoir encore répondu plus ou moins confusément, par des convenances de charrois et des nécessités d'assolement, si vous le pressez un peu, il finira par vous dire : En terre le fumier ne se perd pas; et dans le plus grand nombre des cas, le résultat est encore favorable.

Ainsi le fumier noirci par la fermentation, qui coule dans la rue les jours de pluie, qui se volatilise dans l'air les jours de soleil, ne se perd plus une fois qu'il est en terre; il y résiste à toutes ces causes de destruction; il attend là patiemment les récoltes qu'il doit produire, tandis que le fumier sortant de l'étable, qui, pour la même source de production que le précédent, contient nécessairement une grande proportion de principes riches, puisqu'il n'y en a pas eu de détournés par des causes accidentelles ou naturelles, est loin de produire des effets aussi satisfaisants, et semble se perdre en grande partie dans la terre même.

C'est là un double fait, en apparence contradictoire, que, comme bien d'autres agriculteurs, j'ai eu l'occasion d'observer et que je vais essayer d'expliquer.

Un jour, ayant eu l'occasion de traiter par l'acide fluorhydrique une terre qui avait été préalablement bouillie dans de l'acide chlorhydrique étendu, de sorte que toutes les parties devaient être solubles dans l'acide fluorhydrique, je fus fort étonné de trouver au fond de ma capsule un résidu d'un brun chocolat tirant sur le noir, qui avait résisté à cette double attaque; séché, le produit prenait une teinte plus claire; mais mouillé de nouveau, il reprenait le ton primitif; enfin calciné, il devint et resta blanc : c'était de l'alumine pure, soluble alors dans l'acide fluorhydrique. Frappé de cette observation, il me vint à la pensée que ce produit pouvait bien être une combinaison d'alumine avec la matière organique de la terre, une véritable laque dont la base aurait été protégée de l'attaque des acides par la matière colorante qui elle-même devait être inattaquable par ces mêmes acides ; et comme la terre analysée provenait d'ailleurs d'un sol très bien cultivé et très bien fumé, c'était peut-être une combinaison de fumier avec l'alumine de la terre.

Mais alors l'alumine devait former des combinaisons avec certains éléments du fumier. C'est ce que je vérifiai immédiatement.

Je broyai dans un mortier de l'alumine en gelée avec de l'eau de fumier (ce fumier était en tas depuis cinq mois environ) ; le mélange fut ensuite jeté sur un filtre, et les eaux coulèrent presque incolores ; car de noires qu'elles étaient d'abord, elles passèrent au jaune très clair et légèrement verdâtre ; quant à l'alumine, elle fut lavée avec soin d'abord sur le filtre, mais ni le lavage à froid ni l'ébullition, ne changèrent la teinte brune qu'elle avait empruntée au fumier ; et quant aux eaux de lavage, elles restèrent elles-mêmes complètement incolores. La laque était formée, et elle était très stable. Dans une autre expérience, je pris de l'alumine hydratée seulement à 3 équivalents d'eau, telle qu'on la trouve dans la nature ; elle avait été préparée en faisant congeler de l'alumine en gelée, puis en recueillant sur un filtre, après le dégel, l'alumine, qui se sépare alors de toute l'eau qui la tenait gelée. Or, dans cet état de grande cohésion, elle réagit sur les dissolutions du fumier avec la même vigueur que l'alumine la plus hydratée.

L'analyse m'a démontré que l'alumine peut ainsi directement absorber 50 pour 100 de son poids de teinture de fumier, correspondant à 2,50 pour 100 d'azote dans la matière combinée.

Mais si, au lieu d'opérer directement avec de l'alumine, onl prend un sel neutre d'alumine, il se forme immédiatement un abondant précipité d'un noir un peu gris, et l'eau est instantanément décolorée. Ce précipité est une véritable combinaison atomique ; il donne à l'analyse environ 5 pour 100 d'azote, et ne contient guère que 1/20e de son poids d'alumine, ce qui démontre que la substance active a un équivalent très élevé, et la rend susceptible d'un grand nombre de dédoublements.

L'oxyde de fer partage presque au même degré les propriétés de l'alumine; seulement la laque paraît moins stable. Ne trouverait-on pas dans cette instabilité de la laque de fer l'explication des vertus que nos cultivateurs attribuent avec raison à ce qu'ils appellent dans mon pays leurs *bons rougets?* Les terres qu'ils désignent ainsi par leur couleur contiennent, en effet, une quantité notable d'un sesquioxyde de fer très divisé, et probablement dans un état d'hydratation tout particulier, qui le rend très propre à faire des laques avec le fumier. Serait-ce l'oxyde indifférent, si remarquable de M. Péan de Saint-Gilles? C'est une question à examiner. Cependant la silice hydratée ne décolore pas l'eau de fumier. Quant au carbonate de chaux, il n'a d'abord aucune action; mais si on laisse évaporer spontanément la liqueur, ou si on la fait bouillir, en remplaçant dans un cas comme dans l'autre l'eau d'évaporation, la décoloration finit par s'opérer. Le bicarbonate de chaux, au contraire, agit instantanément, quel que soit d'ailleurs l'excès d'acide carbonique.

L'aluminate de chaux partage aussi les propriétés de l'alumine, peut-être même à un degré plus marqué, car l'argile qui n'a aucune espèce d'action, soit à froid, soit à chaud, active d'une manière très sensible celle du carbonate de chaux. Se forme-t-il un sel double d'alumine et de chaux, pendant que la silice est mise en liberté? Nous avons quelque lieu de le croire; en effet, chacun sait qu'en faisant bouillir dans des vases de platine un mélange de carbonate de chaux et d'argile, on ne trouve pas trace de silicate de chaux formé; or, si on fait la même expérience avec de l'eau de fumier, même un peu alcalisée avec l'ammoniaque, on retrouve des quantités très sensibles de silice. Nous ajouterons tout de suite que nous avons obtenu le radical du fumier dans un état de pureté tel, qu'il ne laisse aucune espèce de résidu à la combustion, et, par conséquent, la silice obtenue ne pouvait provenir que de la source que nous indiquons ici.

Mais, sans aller plus loin, il nous semble permis de conclure, d'après toutes ces expériences, que l'alumine libre, les oxydes de fer et le carbonate de chaux sont les éléments conservateurs du fumier, parce qu'ils forment avec lui des laques, que l'action du temps, de l'eau et de l'air ne détruisent qu'à la longue, comme presque toutes les laques se détruisent, et sans doute au fur et à mesure du besoin et à la sollicitation des plantes.

Par conséquent, c'est sans danger que le cultivateur fume les terres à l'avance, et cela avec d'autant plus de sécurité qu'elles contiennent ces éléments et particulièrement l'alumine et l'oxyde de fer en plus grande quantité. Car les terres quartzeuses et sablonneuses, comme disent les paysans, brûlent le fumier.

C'est encore à cause de ce genre de phénomène que les terres argileuses riches par elles-mêmes mais appauvries parce qu'on leur a trop demandé sont si difficiles à remonter et demandent de si grandes masses d'engrais, avant de donner de nouveau des résultats satisfaisants ; tandis que celles qui sont enrichies de longue main produisent avec tant d'abondance et sont d'un entretien si facile.

Mais à quoi peut tenir la différence, que nous avons signalée en commençant, entre le fumier sortant de l'étable et le fumier déjà fermenté? Comment se fait-il qu'il semble se perdre dans la terre, pendant que l'autre s'y conserve si bien? Après ce que nous venons de dire du fumier fermenté, un mot suffit pour répondre : si avec de l'alumine ou de l'oxyde de fer on triture une dissolution de fumier frais, il se décolore comme l'autre, c'est-à-dire perd sa partie brune; mais quand on recueille le produit solide, l'eau qui passe à travers le filtre est loin d'être incolore, et bien qu'elle ait visiblement perdu sa partie brune, elle conserve une couleur safranée très intense, qui indique la présence d'une bien plus grande quantité de matières que celle que donnent les eaux décolorées de fumier fermenté. D'ailleurs l'évaporation à siccité démontre que l'eau de fumier frais laisse un résidu décuple de celui que donne celle de fumier fermenté.

Mais de plus, si on recueille les eaux ainsi décolorées et qu'on les abandonne à elles-mêmes au contact de l'air, elles ne tardent pas à brunir. L'alumine alors réagit de nouveau sur elles, et cela tant que toute la matière colorale n'est pas passée à l'état de matière colorante. Il faut donc, pour être le plus utile possible, que le fumier ait préalablement subi une véritable oxydation ou fermentation.

C'est ce fait qui explique la répugnance des cultivateurs à enfouir des fumiers tout récents. En effet, lorsqu'ils sont mélangés à la terre leur fermentation devenant très lente donne toujours à la pluie le temps d'arriver ; alors la matière riche n'étant pas fixée, mais étant au contraire très double, est rapidement entraînée : de là des pertes considérables qu'une longue et sage pratique a appris à éviter.

IX.

Discours de M. P. Thénard au Comice agricole de Fontaine-Française, le 5 septembre 1857.

Mes amis,

Au milieu des sentiments de sympathie dont vous m'entourez et qui me sont si chers, il me revient de temps en temps un écho indiscret qui me dit : *Vous êtes riche, et vous pouvez ce que nous ne pouvons pas!*

Mais si, au lieu de moi, c'est d'autres hommes également dévoués au progrès agricole qu'on parle, même quand on en parle devant moi, oh! alors ce n'est plus un écho, c'est un éclat, l'on ne se gêne plus, et l'on donne libre cours à sa langue.

Ainsi, d'après cela, richesse en agriculture signifierait bonnes terres, belles prairies, beaux troupeaux, belles moissons! Pour l'agriculteur riche, le soleil serait plus brillant, le printemps plus chaud, l'automne plus favorable, la gelée moins destructive.

Mais je vous entends déjà, vous vous récriez : « Ce n'est pas cela que nous voulons dire! » Et alors que voulez-vous donc dire? Voudriez-vous dire par hasard que l'agriculteur riche se lève de meilleure heure que le pauvre? que l'*Angelus* du matin le trouve dans son champ, pendant que l'*Angelus* du soir l'y laisse? qu'il est plus modeste dans ses vêtements? plus sobre à sa table?

qu'il ne trouve pas tous les jours deux ou trois heures à perdre au cabaret, pour boire et jouer aux cartes. Jusqu'à présent je ne me suis pas aperçu que ces vertus fussent l'apanage de la fortune. J'ai pensé bien plutôt que c'était le vôtre, quoiqu'à vrai dire beaucoup en usent avec économie.

Mais des malins ajouteront : « Ce n'est pas encore tout à fait cela ; il n'est pas difficile avec de l'argent d'avoir de plus beau bétail, de mieux faire préparer ses champs, de sarcler mieux ses récoltes, de les fumer abondamment, et de battre ainsi facilement ses concurrents. Mais aussi combien cela coûte-t-il ? » Et à cette question la réponse est toute faite dans leur esprit. Sans calculer, sans rien compter, sans tergiverser, ils répondent hardiment : dix fois autant que cela rapporte ! De sorte que logiquement, en continuant : le riche doit arriver à se ruiner, et comme le pauvre ne s'enrichit guère, il s'ensuit que l'agriculture est un sot métier !

Eh bien ! aujourd'hui, en essayant de semer l'espérance, je dirai plus, la certitude du succès dans vos cœurs, je vais tâcher de détruire ces fatales illusions.

Non, l'agriculture n'est pas un sot métier ! Mais, comme tous les métiers, elle devient un sot métier pour les hommes imprévoyants, inintelligents, ignorants, paresseux, les téméraires et les trop timides ! Mais qu'il soit riche, qu'il soit pauvre, elle rénumère largement l'homme de jugement qui s'y adonne avec sollicitude, avec persévérance, avec passion, et cependant avec prudence.

Je n'irai pas chercher mes modèles parmi ces grands agriculteurs de nos grandes villes, car il faut que vous le sachiez, mes amis, on fait aujourd'hui beaucoup d'agriculture dans nos grandes villes, et il n'est pas jusqu'à nos grands philanthropes de la Bourse, jusqu'à nos grands redresseurs politiques et sociaux, qui ne soient passionnément dévoués à l'agriculture, qui n'aient pour elle des trésors de promesses et de belles théories ! qui ne tonnent contre la jachère, qui ne fulminent contre la routine séculaire du paysan, qui ne lui conseillent d'appliquer dans ses champs dix fois plus de fumier que la plus riche nature n'en peut produire! Non, je dirai à ces braves gens : je vous remercie de vos bonnes intentions, mais étudiez-nous donc! tâchez de nous comprendre! et surtout essayez vous-même vos méthodes, et le jour où vous nous aurez démontré que vos panacées sont bonnes, nous vous ferons l'honneur de vous écouter. Je ne le prendrai pas non plus chez ces hommes d'une grande science, et cependant grands praticiens, mais qu'un gros capital accompagne, quoiqu'à vrai dire un bon conseil soit toujours bon à prendre, un bon exemple soit toujours bon à suivre, mais vous crieriez encore au capital!

Non, mes modèles seront nés au village, c'est au village qu'ils auront toujours vécu, ils n'auront reçu que l'instruction modeste qu'on acquiert au village, toute leur fortune première consistera en une modeste dot ou un petit patrimoine qu'ils tiendront de leurs pères, et cependant ils se seront élevés successivement à ces positions respectables que, dans son intérêt mieux entendu, la société devrait savoir mieux respecter et surtout mieux récompenser. Ils seront de ces hommes que chacun, riche ou pauvre, peut et doit imiter.

Dans sa sollicitude pour vous, ses soutiens, ses amis et ses dévoués sujets, Sa Majesté l'Empereur a imaginé les primes d'honneur; il a voulu qu'un vase d'un métal précieux, chef-d'œuvre plus précieux encore des artistes les plus illustres, vînt, chaque année, dans chaque région, récompenser les efforts de l'agriculteur le plus éminent; il a voulu qu'un monument durable vînt consacrer, aux yeux de ses amis, de ses enfants, de ses émules, les mérites de l'heureux lauréat, et leur inspirer ainsi le besoin de l'imiter.

Deux fois appelé comme juge dans ces brillants concours, j'ai pu étudier à fond la physionomie de ces hommes précieux, eh bien! c'est leur vie, ce sont leurs travaux, ce sont leurs vertus que je vais vous décrire.

Vous connaissez, mes amis, le vieux proverbe : « *Dis-moi qui tu hantes, je te dirai qui tu es.* » Eh bien, il s'applique là dans toute son étendue. Le plus souvent, quand vous entrez chez ces bons paysans, le maître est absent, ses travaux l'appellent en dehors de la maison, vous ne l'avez pas vu et déjà vous l'avez jugé. Ce qui vous frappe d'abord, c'est le bon visage que vous fait sa digne femme : un hôte se présente, il doit être accueilli, telle est la règle traditionnelle ; qu'il soit riche, qu'il soit pauvre, on lui doit bon visage.

Souvent une vieille femme, un ou deux marmots autour d'elle, tricote au coin du feu ; ce n'est pas la maîtresse, c'est plus que cela : c'est la vieille grand'mère ; elle ne commande pas et tout lui obéit ! Déjà, elle forme le cœur de ses petits-enfants à valoir celui de ses propres enfants ; mais, d'un œil profond et d'une voix amicale, elle scrute ce que vous pouvez être, car c'est elle qui veille au bonheur du foyer.

Bientôt le maître rentre ; dans son air, rien d'altier, rien de bas ! Il est le maître, mais il est aussi le premier ouvrier ! Parlez-lui donc bien vite, car il n'a pas de temps à perdre. Mais faites mieux : aller visiter avec lui ses troupeaux, ses prairies, ses cultures, car c'est là son domaine, et c'est avec fierté qu'il vous y conduira, si surtout vous êtes un véritable connaisseur.

On peut être assuré qu'au sortir de chez lui c'est aux étables qu'il vous mènera, car c'est là que gît presque toute sa puissance, et il sait qu'à la quantité et à la qualité du bétail vous devinerez le reste. Mais, chemin faisant, il vous laisse examiner la propreté des cours, le bon arrangement des fumiers, que souvent il tient à couvert ; la pompe pour les arroser, et la fosse à purin, qui reçoit toutes les eaux fécondantes qui s'écoulent du fumier ou viennent des écuries.

Dans ces écuries tout est bien disposé pour économiser la main-d'œuvre, et surtout pour éviter toute perte de fourrage ; de plus l'air y circule avec facilité, de là point de mauvaise odeur, on y respire librement, on en pourrait presque, sans trop de désagréments, faire sa chambre à coucher ; aussi les épizooties y sont-elles inconnues.

Mais que de travail, que de dépenses, direz-vous, pour en arriver là ! Des dépenses, peu de chose, du travail, oui. Mais c'est du travail d'hiver, du travail à temps perdu ; c'est pendant l'hiver que le sol des étables et celui de la cour a été disposé, que la fosse a été creusée ; ce sont les fagots rentrés au printemps et montés sur quelques perches, qui abritent le fumier des ardeurs du soleil de l'été et des trop fortes pluies de l'automne. Quant aux intempéries de la fin de l'hiver et du commencement du printemps, d'ailleurs bien moins nuisibles, le fumier n'en craint pas grand chose, parce qu'il est conduit aux champs au moins deux fois par an, et que dans le moment où les fagots s'épuisent, il est déjà en grande partie conduit.

C'est là, mes amis, un exemple que nous devrions imiter, l'hygiène publique y gagnerait beaucoup, et nos champs ne s'appauvriraient pas de ces richesses considérables qui souillent les ruisseaux de nos rues les jours de pluie, de ces émanations pestilentielles qui infectent nos maisons les jours de soleil.

Une fois les cours et les bâtiments parcourus, il passe aux animaux ; il faut que vous voyez d'abord l'ensemble, que vous les comptiez tous, que vous sachiez et leur âge et leur sexe ; il ne vous tiendra quitte de rien, c'est là d'ailleurs une complaisance que vous lui devez, et rien ne le flattera plus que cette minutieuse étude ; écoutez donc leur généalogie : tous ou presque tous sont nés chez lui, cette étable remplie des plus beaux bœufs descend d'une vache et d'un taureau précieux que possédait son grand père ; cette jument produit des chevaux infatigables, voici quarante ans qu'il possède la même race. Et puis viennent les reproducteurs ; mais ne demandez pas qu'il vous en vende, il a pour eux trop d'amitié, trop de respect, trop de reconnaissance, son affection pour eux vient de trop loin, c'est presque une affection de famille qui ne fait que croître avec le temps, à mesure qu'ils s'améliorent et que les nombreux succès s'ajoutent aux succès !

Cependant rarement vous trouverez chez lui de ces races nouvelles tant préconisées aujourd'hui; si vous lui en demandez la raison, alors d'un air narquois il vous dit : Ah ! de ces bêtes qui ne veulent que du bon, qu'on ne voit qu'aux Champs-Elysées les jours de concours! Com bien coûtent-elles? combien rapportent-elles? se reproduisent-elles facilement? et surtout les races durent-elles? J'en ai bien vu qui ont le plus grand mérite, mais quoique plus récentes, elles sont déjà vieilles, parce que tout le monde en a, et je vais en essayer! Que répondre à ces questions indiscrètes? il n'est pas routinier, mais il a du jugement; le mieux, c'est de passer, quoique je vous le dise tout bas en confidence, méfiez-vous fort des montreurs de bêtes des Champs-Elysées, j'en sais quelque chose, car j'ai payé pour cela!

Pour nous en tirer, sortons donc de l'étable et allons dans les champs.

Je vous le disais l'an dernier, pas de bétail point de fumier, sans fumier et sans beaucoup de fumier point de bonnes récoltes et surtout de récoltes assurées; or, si le bétail est mauvais, il devient une charge au lieu d'être un profit, naturellement s'il est une charge on en réduit la quantité afin de réduire la perte, alors tout décline, tout succombe à la fois.

Eh bien, prenant les choses de plus haut, tous les cultivateurs que je vous donne ici en exemple vous diront : pour beaucoup de bétail et beaucoup de bon bétail, il faut beaucoup de fourrage et beaucoup de bon fourrage, sans cela point de bonne agriculture.

C'est donc à la production des fourrages, qu'ils soient naturels, artificiels ou bien racines, qu'ils s'appliquent avant tout. Pour cela, outre les prés, ils y sacrifient la moitié et même les trois cinquièmes de leurs terres arables; le blé, le colza et les autres produits exportables n'occupent donc que la moindre partie. Mais aussi quels blés! quels colza! quelles récoltes! elles en valent deux et souvent trois des nôtres! Vous le voyez, il n'y a pas de terrain mal employé, et de plus il y a moins de main d'œuvre.

Chez nous c'est le blé et l'avoine qui sont toute notre affaire, nous y consacrons les 2/3 de nos terres, 1/6 et plus est en jachère ou en légumes pour le ménage, à peine si les plantes fourragères occupent ce qui reste.

Vous le voyez de suite, moins d'engrais et plus de surface, de là plus de peine et moins de bénéfices, voilà notre lot!

De plus, chez nous l'étable est une lourde charge, chez eux au contraire c'est un très grand profit, voilà encore une plus grande différence.

Ainsi à égalité de sol nous sommes déjà battus.

Cependant il est encore une cause toute commerciale qui nous rabaisse davantage. Que les blés manquent, son étable le sauve! Le manque de blé surenchérit la viande, il s'en tire toujours! Tandis que tout est perdu pour nous! Mais bien plus, ces deux opérations se prêtant l'une à l'autre un mutuel concours, même par le manque de blé, il obtient encore une moyenne supérieure à la nôtre, si bien que très souvent il tire bon parti d'une mauvaise année.

Remarquez mes amis combien déjà de causes de succès! remarquez que ces succès sont dûs bien plus à la puissance des méthodes qu'à celle des capitaux, et dès-lors, comme *pour vous garantir du fantôme du progrès*, ne répétez donc plus ce sarcasme : *Il est riche, donc il peut tout, et nous ne pouvons rien*. Dites si vous le voulez : *Il est riche, il peut et il doit marcher plus vite;* mais tout en allant plus lentement, nous finirons bien par arriver aussi : c'est là la vérité, il faut toujours la dire, et surtout il faut toujours la voir et la sentir.

Mais puisque le capital est un moyen de précipiter le progrès, et un moyen puissant, voyons comment les cultivateurs émérites dont je vous parle aujourd'hui ont disposé du petit patrimoine avec lequel ils ont débuté, nous comparerons ensuite leur manière de faire avec la nôtre.

Au lieu d'acheter des champs aux prix les plus élevés, c'est en mobilier de ferme qu'ils commencent par placer tout leur capital premier, et au fur et à mesure que ce capital s'accroît des bénéfices acquis, ils continuent longtemps à le placer de même ; ce n'est que quand il ne manque plus rien dans leurs fermes, qu'elles sont suffisamment garnies des meilleurs animaux, d'instruments parfaits, et que leur fonds de roulement est complet, qu'ils s'arrêtent dans cette voie ; alors seulement ils commencent à capitaliser leurs bénéfices et à les placer en rentes bien garanties, car ils ne craignent rien tant que ces lambeaux de terre, d'un tiers, d'un quart ou d'un demi-journal, la culture en est toujours trop onéreuse. Enfin, quand les années sont venues, que les enfants sont établis, ils se retirent chez eux dans un domaine bien arrondi, qu'ils achètent avec une partie de leurs rentes accumulées.

Maintenant combien retirent-ils de leur argent placé en mobilier de ferme ? Eh bien ! malgré des dépenses souvent considérables de chaulage, de marnage, d'irrigation ou de drainage que fréquemment encore ils prennent à leur charge, et même à cause de ces dépenses, ils en tirent de 35 à 41 p. 0/0.

Ainsi, l'un avec 5,000 fr. de capital initial en a gagné 55,000 au bout de 24 ans ; l'autre avec 10,000, après 7 ans de travail, en a gagné 35,000.

Les baux, cependant, n'ont rien d'exceptionnels, ils sont au prix commun ; les terres, de qualité commune, et l'on voit à côté d'eux les voisins, qui ne les imitent pas, se ruiner quelquefois et toujours végéter.

Chez nous, que font, je ne dis pas les plus sages car ils agissent de même, mais ceux qui passent encore pour sages ? Au fur et à mesure qu'ils ont le plus léger bénéfice, ils achètent un petit champ par ici, puis un autre par là, tant bien que mal il les cultivent, et, au lieu de 35, à peine font-ils ressortir 4 p. 0/0 de leurs économies ; puis le père meurt, et le bien, déjà très divisé, se morcelle encore plus entre tous les enfants, qui suivent le même exemple, et c'est toujours à recommencer.

Ainsi pendant que le cultivateur, qui ayant confiance dans son métier ose lui confier sa petite fortune, arrive pour le moins à l'aisance, nous qui manquons de foi, de pauvres nous restons pauvres! et les mauvaises méthodes aidant, de riches souvent nous nous appauvrissons! Alors on se dégoûte du métier, on cherche à en sortir, et cela est si vrai qu'il est peu de cultivateurs qui ne rêvent pour leurs enfants l'industrie, le négoce, le barreau, la médecine, le notariat, les fonctions gouvernementales *ou bien les chemins de fer*, si bien que moi, qui vous parle, et qui ai horreur de me mêler de ces sortes de choses, j'ai chaque année par centaines des demandes d'appui à différents emplois! Maintenant calculez le nombre des personnes auxquelles on s'adresse comme à moi, et vous aurez la masse des solliciteurs; supputez enfin le petit nombre des places à donner, et vous compterez combien il reste de mécontents, de malheureux, d'impuissants, d'incapables et d'êtres plus nuisibles qu'utiles à la société.

Telle est cependant la conséquence déplorable des mauvaises pratiques agricoles et de la mauvaise gestion de son bien! on arrive à rougir, à détester, à haïr le métier de ses pères!

Et vous qui m'entendez! s'il en est quelques-uns qui rêvent aussi l'abandon des champs pour les hasards des villes, s'ils doutent encore de mes paroles, je leur dirai : Allez non loin d'ici trouver les fils de ces hommes honorables dont je vous fais aujourd'hui la véridique peinture; allez leur demander : Que voulez-vous faire? Ils vous répondront tous avec orgueil : le métier de notre père!

C'est qu'en effet, mes amis, de tous les métiers, le plus noble, quand il est noblement exercé, c'est celui d'agriculteur! C'est lui qui nourrit la nation, qui lui donne des soldats, qui lui donne des victoires! L'agriculteur de lui seul relève! à Dieu seul il demande de féconder ses sueurs! Il est indépendant.

Fontaine-Française, le 5 septembre 1857.

X.

Concours régional de Mâcon, 1858.

Jamais plus brillant concours régional n'a surpassé celui de Mâcon. — Il y figurait :

81 bêtes à cornes de la race charollaise,

27 de la race femeline,

55 des autres races françaises pures,

40 des diverses races étrangères,

68 des diverses races croisées;

35 béliers mérinos,

15 lots de brebis mérinos, de 5 individus chacun.

26 béliers de races françaises et étrangères autres que les mérinos,

4 lots de 5 brebis chaque;

4 truies des races indigènes pures,

21 verrats et truies suitées ou non suitées, des races pures ou croisées;

45 lots d'animaux de basse-cour : coqs, poules, canards, oies, pintades et faisans.

Total, 441 animaux et lots d'animaux.

Quant aux instruments et machines agricoles, le nombre des exposants était de 80, celui des objets de 265.

Les produits comptaient 74 exposants et 246 numéros, représentant chacun un produit de l'agriculture.

Tel est l'inventaire de ce brillant concours.

Quel rang maintenant y a tenu la Côte d'Or? La rumeur publique l'a déjà répandu : le premier, a-t-elle dit, et la rumeur publique a dit vrai.

Dans la race charollaise, les deux premiers prix des taureaux, les deux premiers et le sixième prix des vaches nous appartiennent. Voilà le Charollais vaincu sur son propre terrain.

Nous ne figurions pas, et avec raison, dans la race fémeline. Pauvre race fémeline! si belle, si précieuse, si abandonnée cependant, et perdue par les utopistes, les ignorants qui l'ont corrompue à plaisir en y fourrant sans réflexion toute espèce de sang, et l'on fait tomber si bas qu'elle est à peine aujourd'hui un souvenir, une ombre d'elle-même, si bien que le célèbre Baudement conclut dans son rapport qu'il vaut mieux l'abandonner et élever toute autre race que d'essayer de la régénérer.

Devant une telle autorité, nous ne pouvons donc que féliciter nos éleveurs d'avoir de ce côté abandonné la partie.

Quand aux autres races françaises pures, nos éleveurs n'en ont pas présenté, et c'est vraiment grand dommage; car il y en a d'excellentes, qui s'acclimateraient fac lement chez nous. C'est donc à étudier!

Nos vignerons de la Côte et nos éleveurs du Châtillonnais ont surtout besoin de lait; ce serait un meurtre de faire de la viande dans de si riches contrées; or la race charollaise, si précieuse pour la viande, l'est fort peu pour le lait; et, par suite, ne convient ni à la Côte ni à Châtillon. Il leur faut donc une race laitière : il faut donc que cette étude soit faite. Or il y a à Beaune et à Châtillon des hommes de cœur et d'intelligence bien capables de la suivre.

Pourquoi donc ne pas l'entreprendre; elle n'a rien d'onéreux, à cause du prix élevé du lait dans les pays où nous parlons; elle n'a rien de dangereux, parce que chez nous, sauf la race charollaise qui est mise ici hors de cause, nous n'avons pas, comme en Comté, de race précieuse à détruire; car nous n'avons point de race du tout; comme laitières, nous n'avons que le rebut des plus vils animaux, puisque le sang schwitz n'a produit que de piteux résultats; il n'y a donc que l'importation qui puisse nous sauver. C'est un intéressant problème à résoudre, un immense service à rendre.

Espérons que d'ici à quelques années le problème sera résolu ! le service sera rendu !

Quant aux races étrangères pures, mon taureau Durham seul a obtenu un quatrième prix.

Au sujet des races étrangères, qu'il me soit permis de dire que, dans un concours, c'est un très grand tort que de ne pas en spécifier la race avec le plus grand soin. Or, deux de nos plus dignes exposants ont commis cette faute ; aussi avec de très beaux animaux, donnés sous la spécification de taureau étranger noir, d'Ecossais rouge et blanc, de vache étrangère blanche, n'ont-ils rien obtenu.

Jamais, en effet, un jury, quelque recommandable que soit un animal, n'affrontera le public en criant du haut d'une tribune : Une médaille d'or pour tel taureau étranger noir, rouge ou blanc ! tandis qu'il dira volontiers : Une médaille d'or pour un Durham, un Airshyre, ou un schwitz ! quoique, je le dis en passant, le vent ne soit plus aux schwitz; il est tout à l'Airshyre pour les races laitières; combien cela durera-t-il? Je n'en sais rien. Cependant il y a quelques chances pour que cela dure et les pays qui demandent exclusivement du lait feront bien d'y regarder.

Dans les races diverses croisées, les durham-charollais ont eu seuls du succès ; il ne faut donc pas être étonné que nos éleveurs, au nombre de quatre ou cinq, aient échoué, puisque sur les sept têtes de bétail de cette catégorie qu'ils ont amenées au concours, il n'y avait qu'une seule vache durham-charollais ; mais que l'on ne se désole pas et qu'on ne nous croie pas faibles, même de ce côté. Non, nous avons dans notre département de beaux animaux durham-charollais ; et, si certain propriétaire de Liernais, de ma connaissance, ne s'était pas défié de lui-même, s'il eût envoyé son bétail au concours, certainement nous aurions eu du succès, et, je le sais, il est d'autres personnes aussi bien partagées. — Avis aux éleveurs !

Mais je m'aperçois, amis lecteurs, que je donne beaucoup de conseils et que depuis longtemps il ne vient point de prix, ce qui signifie, en langage clair, que vous aimez mieux les prix que les conseils ; eh bien ! moi aussi, je suis de votre avis, passons donc aux prix et laissons les conseils.

Voilà le mouton mérinos, c'est-à-dire voilà Châtillon et un peu Dijon, ou bien, si vous aimez mieux, voilà le vénérable père Godin et ses dangereux rivaux, Guenebault, Monniot, Achille, Maître, Bouhier, Chaussenot, Guenyot, Chaudron, Montenot, Rousselet, Siredey, Cornemillot ; une véritable armée de maréchaux, de généraux, de colonels, car des soldats, c'est défendu dans ce régiment là ; ils sont tous plus beaux, plus complets les uns que les autres. Celui que l'on préfère, à moins d'y regarder de bien près, c'est le dernier qu'on voit.

Aussi, comme ils se sont bien battus, comme les autres départements se sont dépêchés d'abandonner le combat ; il n'y a eu qu'un sixième prix qui leur ait échappé ; mais sûr, ils ne l'avaient pas vu : j'en suis fâché, je l'aurais aimé ce sixième prix là ; il eut bien figuré dans la collection, elle eut été complète, et le prix très exceptionnel donné au bélier soyeux de M. Godin ne m'a pas consolé de cette perte.

Quant aux autres moutons à grosse et sale laine, la Côte-d'Or les dédaigne, et je suis assez de son avis ; ils crèvent de la cachexie tout aussi bien, quoi qu'on en dise, que les mérinos les plus fins. J'ai à l'appui de cette assertion 1,600 bonnes raisons à un franc la pièce, sans compter les soins et la nourriture : demandez plutôt au Comité d'agriculture de Dijon, c'est une farce agricole que nous avons jouée ensemble et dont j'ai payé les violons, la chandelle et le reste ; mais comme ce sujet m'est désagréable, je passe à autre chose.

Le jour de l'arrivée des bêtes, je mets par hasard le nez dans les boxes à cochons, il y en avait des petits, des moyens et des gros, des jeunes et des vieux ; quand attiré par la foule qui se culbutait autour d'un animal nouvellement débarqué, je m'approche, je regarde : c'était une monstrueuse truie âgée de 30 mois à peine, elle avait 6 pieds de long au moins et grosse à proportion ; non loin de là était son fils, digne rejeton de sa noble race, mais comme noblesse oblige, à 14 mois il était déjà énorme. Evidemment c'était les deux premiers prix des cochons, et comme ils étaient de la Côte-d'Or, chaque bourguignon écrivait déjà ces deux prix là sur ses tablettes.

Malheureusement, en exposition, c'est compter sans son hôte que de compter sans le jury ! Aussi, il n'y a rien d'étonnant que la fortune nous ait trahis ! Les petites races l'ont emporté sur les autres, et nous n'avons eu que trois ou quatre méchants prix pour nos beaux animaux. Ce qui signifie que, pour se mettre en garde contre de semblables malheurs, il faut avoir de gros et de petits cochons, et les envoyer tous au concours.

Je ne vous parlerai pas de la volaille ; j'en avais, mais comme elle abîmait mon jardin, j'ai fait tordre le cou à toute ma basse-cour. D'ailleurs, je ne juge bien qu'un poulet à la broche, et comme je me défie toujours de ces grands diables de coqs dont la viande est si dure, je crois qu'il faudrait condamner tous les juges qui leur donnent des primes à manger toutes ces vilaines bêtes.

Cependant, je dois le dire, j'ai été séduit par une magnifique collection de faisans de toutes espèces, ainsi que par de belles oies de la Charente, d'un poids considérable ; elles avaient avec elles des oisillons de six semaines, déjà gros comme des oies ordinaires. Il y a là quelque chose de bon à propager, ce serait rendre un véritable service à nos manœuvres et à nos cultivateurs du Morvan, qui élèvent beaucoup d'oies, que de leur en donner de pareilles.

La Côte-d'Or, d'ailleurs, ne figurait pas dans toute cette basse cour.

Quant aux machines et instruments, sur 80 exposants nous en comptons 11; sur 4 médailles d'or accordées, nous en avons 2, un rappel de médaille d'or, une médaille d'argent, une mention très honorable, trois mentions honorables, c'est-à-dire le quart des récompenses.

Dans cette catégorie des instruments, le concours était également splendide, et comme l'espace était considérable, chaque machine figurait isolée et avec tous ses avantages; beaucoup d'art d'ailleurs avait présidé à leur classement. Aucune machine agricole connue n'était absente, depuis la bascule à peser les voitures jusqu'à la moissonneuse, en passant par l'égréneuse du maïs. Les trieurs, les pressoirs, les concasseurs, tout était au grand complet, Mais pourquoi M. Meugniot n'y était-il pas? Il garde rancune au concours d'une injustice qui lui a été faite; c'est mal, c'est de la personnalité. Aussi, pour le mortifier, je lui dirai que pas une charrue nouvelle n'avait le sens commun, les anciennes seules ont donné de bons résultats, et avec sa charrue nouvelle, si bien exécutée, si excellente, si supérieure aux meilleures charrues anglaises dont il a su conserver tout le bon en perfectionnant le mauvais, je n'ose dire ce qui serait arrivé, mais certainement il eût été vivement discuté pour la médaille d'or. Que M. Meugniot, que MM. Laurent et Roy, et d'autres encore, sachent donc que, dût-on succomber, quand on a l'honneur d'appartenir à la Côte-d'Or, il faut aller au combat, si ce n'est pour soi, du moins pour elle.

Qu'ils sachent qu'il n'est pas un cœur bourguignon qui ne s'émeuve du sort de ses compatriotes, toutes les fois qu'il en est qui se trouvent engagés dans une lutte quelconque, et que, vainqueurs ou vaincus, nous leur savons tous gré d'avoir tenté la fortune. Que ce sentiment de solidarité ne nous quitte jamais, c'est le plus beau, c'est le plus grand, c'est le plus noble, c'est celui qui nous mènera le plus loin et qui élèvera notre département au-dessus des autres, et désormais, oubliant les conséquences personnelles que la lutte peut avoir, songeons tous qu'un prix de plus chez nous nous élève d'un degré ; songeons que c'est la constatation d'un service rendu à l'agriculture, que c'est un pas de fait dans l'amélioration du sort de nos cultivateurs, que c'est un progrès vers la civilisation, que c'est un gage de prospérité, d'ordre, de sécurité, de fortune, et, par suite, de bonheur pour la France.

Nous autres cultivateurs, nous sommes à la fois le lest et le gouvernail du navire social ; on l'a dit depuis longtemps : le sort des nations est étroitement lié à notre sort.

Dès lors, imbus de ces saines idées, ne négligeons aucune des occasions qui nous permettent de faire constater la part des matériaux que nous avons apportés pour élever l'édifice social. C'est un devoir qui nous incombe à tous, et c'est manquer à son pays que de s'abstenir dans la lutte qui doit le grandir.

Enfin, quoi qu'il en soit, quoique quelques bataillons d'élite aient manqué, la part des dépouilles est encore assez belle.

Lemonier-Jully, Rouot, Rousselet continuent à se tenir au premier rang.

Thevenin a su, avec un simple tarare, enlever d'emblée une médaille d'argent par la simple addition d'un distributeur, de manière à vanner, addition élégante qui supprime un homme jusque-là chargé d'un travail dégoûtant.

Montenot, cultivateur distingué d'Ampilly-le-Sec, a obtenu une mention honorable pour un battoir-semoir d'une grande simplicité, destiné à faire concurrence à l'ingénieuse et si savante machine du même genre qu'a inventée M. Rousselet ; qu'il améliore son œuvre et il ira très loin.

M. Maulbon d'Arbaumont, qui se dévoue à la grande opération du drainage, a déjà rendu de grands services en ce genre ; il a eu une mention honorable pour ses petits instruments si connus dans la Côte-d'Or et dont il est l'inventeur.

M. Debard avait apporté un malaxeur à bras pour fabriquer le mortier. Pourquoi donc M. Debard n'a-t-il pas exécuté la même machine sur d'autres proportions, pour malaxer la terre dans nos tuileries. D'industriel son appareil fut devenu agricole, et il eut obtenu mieux qu'une mention honorable.

Je ne parlerai que pour mémoire de la mention très honorable que l'on a accordée à ma grande piocheuse ; membre de la section des machines, j'étais hors de concours. Est-ce une politesse? est-ce une récompense que m'ont accordée mes collègues! Je crois à l'un et à l'autre, et j'en suis très flatté.

M. Lamugnières était annoncé au programme pour un essieu de son invention ; malgré toute notre bonne volonté, nous n'avons pu trouver ni l'essieu ni son inventeur ; ils n'ont donc pas été jugés.

Les ruches de M. Faivre ont été confondues avec son miel et sa cire, et la section des produits a récompensé le tout ensemble.

En dehors du département, je citerai avec avantage :

Un tarare-cribleur de M. Damey, de Dole; cet instrument, charmant par l'exécution et les principes, a été jugé si favorablement que plusieurs de nos grands agriculteurs en ont fait des commandes.

Le compressenr d'avoine, de M. Pelletier, de Paris, a également vivement frappé l'attention : en crevant l'écorce de l'avoine, il rend l'assimilation plus complète de la partie nutritive de l'avoine. Essayé au concours sur des maïs, il a dépassé l'attente de son constructeur lui-même.

Un tonneau roulant, irrigateur des prairies, facilite singulièrement le transport du purin.

Des meules en pierre de la Gironde, destinées à remplacer la pierre de Laferté-sous-Jouare, qui, tous les jours devient plus rare, ont été mentionnées honorablement. M. Couvert, leur exposant eut eu indubitablement une médaille d'or, si le jury avait été à même de pouvoir les juger à l'usage. Cependant, que nos meuniers aient l'œil ouvert, il y a bien quelques raisons pour que ce soit mauvais. Mais! mais!! si c'était bon. M. Couvert nous assure qu'à Bourg il avait une paire de ces mêmes meules qui donnait d'excellents résultats.

Dans un égrénoir à maïs de M. Hallié, à Bordeaux, nous avons vu passer un sac de grosses pauvuilles bien dures : il n'a fallu que le temps nécessaire pour jeter les pauvuilles l'une après l'autre dans un trou où les parties agissantes de la machine les saisissaient.

Un des instruments qui devrait figurer en première ligne dans toutes les fermes où l'on aime à se rendre compte de ses produits, c'est la bascule à peser les chariots. Aussi, M. Lalive-Penet, ingénieur-mécanicien à Mâcon, a-t-il reçu une médaille d'argen pour ses excellentes bascules. Si, au lieu de 900 fr. M. Lalive-Penet pouvait les réduire à 3 ou 400 fr., il est évident qu'il n'est aucun jury qui ne lui accordât une médaille d'or.

Nous avons signalé à M. Lalive-Penet les bascules de M. Paul François, de Vitry-le-Français, pesant 3,000 kil. et coûtant 280 f. la pièce, mais elles ne pèsent que deux roues à la fois, tandis que celles de Mâcon pèsent les quatre ensemble. M. Lalive-Penet, qui est à la fois un excellent ouvrier, intelligent, laborieux et honnête, nous a promis de faire la plus grande attention à nos observations. — Avis aux agriculteurs.

Je ne dois pas oublier les herses articulées à 45 fr. de M. Rolland, qui luttent souvent avec avantage contre les herses d'Howard, qui coûtent 150 fr. Dans la herse Rolland, les dent se rapprochent presque instantanément les unes des autres M. Rolland avait aussi exposé un semoir à main et à piston pour semis en paquets ; c'est un instrument délicieux pour la petit culture. Il y avait encore de lui des anneaux nasals de toutes sortes pour conduire les taureaux méchants. Du reste, M. Rolland est assez connu pour les services qu'il rend tous les jours, c'est un de nos plus célèbres professeurs d'agriculture, il fait partie de cette pléiade d'hommes distingués qui, sous la direction du digne M. Pichat, fait des merveilles à l'école impériale de la Saulsaie.

Mais pardon, je vais trop loin, cependant il y aurait encor beaucoup de choses à vanter.

PRODUITS.

Dans un concours, ce qui frappe le moins les yeux ce sont les produits agricoles habituellement relégués dans quelque coin obscur. Enfermés dans des caisses, des sacs ou des flacons, ils n'apparaissent que comme échantillons, et par cela même passent assez inaperçus. Cependant, c'est dans cette partie reculée qu'il faut aller juger la puissance, la richesse, la fécondité d'un pays.

Là, en effet, on y voit la qualité, la nature, la grosseur, la variété de ses blés, de ses orges, de ses avoines, de ses graines et de ses racines; l'excellence ou l'infériorité de ses vins, la finesse et l'élasticité de ses toisons, la suavité de son miel, la délicatesse de ses fromages. Aussi combien, à Mâcon, la Côte-d'Or justifiait bien son nom! là où elle était inférieure à elle-même, elle était l'égale des autres, elle surpassait partout ailleurs, et cela est si vrai que sur 74 exposants 17 appartenaient à notre département, et presque tous ont été signalés.

Quel prix à donner aux meilleures laines et surtout aux grands travaux de M. Godin? Telle est la question que s'est posée le jury. Une médaille d'or, ce n'était pas assez; d'ailleurs M. Godin est blasé, il succombe sous le poids des médailles d'or! il fallait une récompense toute exceptionnelle, toute morale, une récompense qui rappelât tous les titres de M. Godin à la reconnaissance publique! C'est ce qui a été fait.

C'est ainsi que la Côte-d'Or a vu, dans un même concours, donner, par deux jurys différents, celui des animaux et celui des produits, deux prix exceptionnels au vénérable vétéran de son agriculture, à celui qui l'a le plus illustrée! Double hommage qu'est venu sanctionner encore l'enthousiasme public en éclatant de toutes parts.

C'est là un grand encouragement pour nous tous, mais plus particulièrement encore pour les vaillants émules de M. Godin; qu'ils continuent dans leurs œuvres, nous pouvons dès maintenant leur prédire un pareil triomphe à la fin de leur longue, utile et honorable carrière.

Mais au triomphe exceptionnel de M. Godin, est venu s'en substituer un autre dans la ligne officielle, M. Guenebault a passé le Rubicon : il est venu immédiatement saisir la médaille d'or que M. Godin lui avait enlevée jusqu'ici.

C'est là encore un triomphe mérité et acheté par de bons et d'honorables services, auquel tout le monde a applaudi! Nos châtillonnais doivent en être fiers, il leur fait voir de plus que chaque mérite arrive à son tour, et que tout vient à temps à qui sait attendre !

Nécessairement, après ces deux succès, après le succès des mérinos châtillonnais, les concurrents de MM. Godin et Guenebault devaient suivre de près ; aussi bientôt les noms de MM. Achille Maître, Baudoin, Monniot et Rousselet-Gontard, qui seuls avaient envoyé des toisons, ont-ils été appelés.

Quant à nos vins, la collection était bien au-dessous de celle de Bar-le-Duc ; et sauf les délicieux Corton de M. le comte de Grancey, le reste était trop jeune et souvent d'une qualité très ordinaire. C'est fâcheux ! Est-ce que nos celliers seraient veufs de grands vins, ou bien est-ce que la Côte serait veuve de générosité? Elle aurait dû penser qu'à Mâcon elle rencontrerait les côtes du Rhône et le Mâconnais, et sans M. de Grancey, nous aurions été pauvrement traités.

M. Devillebichot avec son cassis intitulé crème de Vougeot a failli se faire une très mauvaise affaire, et il a fallu que sa liqueur fut bien exquise pour lui faire pardonner d'avoir prostitué un tel nom. Une première médaille de bronze a couronné les efforts de M. Devillebichot, qui eussent été mieux récompensés si sa parfaite liqueur eut tout bonnement porté l'étiquette de cassis de première qualité au lieu de crème de Vougeot.

La cire et le miel de M. Faivre, de Seurre, ont été fort appréciés et récompensés. Ainsi que les collections de graines de M. Jean Lefèvre, le fils de l'habile et aimable directeur de Gevrolles. Voilà une heureuse trouvaille que celle de M. Jean Lefèvre; il est rare de voir le fils d'un agriculteur continuer tout bêtement le métier de son père, quand il lui est possible de faire autrement ; aussi, M. Jean Lefèvre a-t-il été fort applaudi.

Notre excellent compatriote Perriquet, qui, déjà, avait obtenu des prix dans la section des animaux, a encore vu couronner ses travaux dans celle des produits ; il avait envoyé trois pins magnifiques de 10 à 16 ans provenant de terres improductives jusque-là, et dont il a planté 50 hectares ; c'est du courage que de travailler ainsi pour ses héritiers ; c'est un excellent et utile exemple que donne M. Perriquet, mais chacun connait son dévouement à l'agriculture et personne n'a été surpris.

La collection des terres cuites de M. Guillier-Durupt était des plus recommandables, et, en connaisseur, je dois dire que ses creusets et ses cornues m'ont fait envie pour mon laboratoire ; quant à ses tuyaux de drainage c'est un concurrent dangereux.

M. Ladrey a eu une mention très honorable pour ses études sur les produits du sorgho et du topinambour. M. Ladrey est mon ami, il ne m'est donc pas permis de répéter les éloges bien sentis qui accompagnent la mention, d'ailleurs personne ne sera surpris de ce succès.

Quant à nous, nous étions hors de concours pour les produits comme pour les machines, et pour le même motif nos collègues nous ont fait la gracieuseté de nous accorder une mention très honorable pour l'introduction en grand de la culture du blé de Noé, et pour notre collaboration avec M. Chevigny, dans la fabrication des tuyaux de drainage.

Telle est l'esquisse de nos succès ; mais ne nous enflons pas et étudions avec soin nos faiblesses ; j'ai tâché de les faire ressortir sur plusieurs points, envisageons les donc sans illusions, nous verrons alors que si, jugés comparativement, nous devenons très supérieurs, il nous reste énormement à faire si on nous juge absolument.

Jetons-nous donc dans de nouvelles recherches, entreprenons de nouveaux travaux, que nos succès ne nous servent que d'encouragements pour mieux faire, qu'ils ne nous servent qu'à nous prouver que, si nous avons déjà tant fait, nous pouvons faire plus encore, qu'au point où nous en sommes rien ne nous est impossible, que tout au contraire nous est facile, et que le concours de Bourg, où nous sommes appelés l'an prochain, vienne marquer chez nous un nouveau degré d'avancement ; mais sachons nous y préparer et surtout sachons y aller.

Talmay, le 28 mai 1858.

XI.

Discours de M. P. Thénard, au Comice agricole de Fontaine-Française, le 5 septembre 1858.

Mes amis,

Dans un juste sentiment d'orgueil je vous le disais l'an dernier : de tous les métiers le plus noble, quand il est noblement exercé, c'est celui d'agriculteur : c'est lui qui fait vivre la nation !

Avez-vous bien compris ce mot, faire vivre? avez-vous compris qu'il ne signifiait pas seulement donner à boire et à manger, mais encore entretenir le mouvement et la vie?

Eh bien ! oui, n'en déplaise à tous autres, non-seulement l'agriculteur nourrit la nation, mais encore il y entretient le mouvement commercial et la vie industrielle.

En effet, créateur des produits de première nécessité, il est encore pour la plus forte part consommateur de ceux de l'industrie. De plus, avec le mineur, il est le seul qui crée les seules richesses matérielles qu'il soit donné à l'homme de créer.

Cause et effet tout à la fois, il est l'alpha et l'ôméga de la machine sociale. En dehors de lui, tout n'est plus qu'intermédiaire.

C'est une haute position, mais c'est une grande responsabilité, par suite, une lourde charge que la Providence lui a dévolue.

Il faut, pour remplir sa tâche, qu'il produise en quantité suffisante pour satisfaire à tous les besoins, et de plus qu'il produise avec bénéfice pour lui-même.

Ne pas produire assez, c'est la vie qui se ralentit; produire sans bénéfices, c'est le mouvement qui s'éteint, et un corps sans mouvement est bien près de sa fin.

Aussi, quelles qu'en soient les causes, incurie ou impuissance à lutter contre les éléments, c'est donc manquer à notre premier devoir que de ne pas prévenir la disette. Et vous l'avez vu récemment. Vous avez vu quels maux la disette entraîne après elle, quels remèdes suprêmes il a fallu opposer à une nécessité suprême. Vous avez vu la France dépourvue de blé, forcée d'en aller mendier à l'étranger, obligée d'envoyer en échange des centaines de millions de son or et de son argent à des nations quelquefois ses ennemies, mais toujours ses rivales : nations qui se sont ainsi renforcées de tout ce dont nous nous sommes affaiblis.

Mais si la disette est un des plus grands fléaux auquel vous devez parer, la surabondance, chose que peu de personnes peuvent croire, en est un autre qui entraîne à sa suite des misères presque égales.

Ceci vous étonne, n'est-ce pas? Eh bien! en voulez-vous un exemple tiré de votre propre vie?

Vous tous qui êtes ici, vous allez de temps en temps au marché, or quand les marchandises y sont à vil prix et que vous êtes vendeurs, que faites-vous?

Au cas où l'huissier vous talonne, vous vendez, vous perdez et vous n'êtes pas contents; mais si, au contraire, votre gousset peut attendre, c'est bien différent! Vous ramenez vos grains sur vos greniers, vos bêtes à l'étable; puis, rentrés au logis, vous appelez vos ouvriers, vous leur faites leur compte et vous les renvoyez. C'est sage, les temps sont durs à plus tard les améliorations, et adieu le drainage, l'irrigation, les reports de terre, les acquisitions d'instruments perfectionnés, la réparation et la construction de bâtiments et d'écuries. Les temps sont durs, dites-vous, il faut faire l'escargot; je vous le dis, c'est sage!

Mais, ce n'est pas tout, vous raisonnez ensuite votre ménagère et lui faites comprendre que, les temps étant durs, quoique les greniers garnis, elle doit se contenter de ses vieilles robes, de son vieux linge, de ses vieux meubles et de ses écuelles fêlées; que vous-même, pour donner l'exemple de l'économie, vous ne refuserez pas de porter un vêtement remis à neuf, au besoin avec une pièce de drap rouge à côté de laquelle ne rougira pas de se trouver un morceau de drap jaune.

Enfin, comme dernière mesure de prudence, vous allez trouver votre propriétaire et vous lui signifiez le plus humblement possible que, vu que le blé est au-dessous de ce qu'il vous coûte, il se passera momentanément de ses fermages, et il a beau crier, beau menacer, beau tempêter, comme vous savez bien qu'en pareille occurence il ne trouvera pas d'autres fermiers que vous, vous le laissez crier, menacer, tempêter, et, finalement, vous convenez ensemble que, quand les blés auront repris leurs cours, vous lui solderez les arrérages.

Voilà qui est bien, mes amis, qui est très bien; vous savez parfaitement vous tirer d'un mauvais pas : ne plus faire de dettes en chassant ses ouvriers, se débarrasser de son créancier le plus importun en ne payant pas son propriétaire! C'est à merveille; puis, quand on est hors d'affaire, on n'a plus qu'à se mettre les mains dans les poches, la tête à la fenêtre et regarder les autres s'en tirer.

Mais moi, si je suis cultivateur, je suis propriétaire aussi, et comme, en ma qualité de cultivateur, je ferme aussi mon grenier, que, comme propriétaire, mes fermiers me jouent la farce que je viens de vous dire, comment vais-je donc m'en tirer?

Ma foi, je ferai comme vous; j'appellerai aussi ma ménagère et je lui dirai : Ça ne va pas, donc à la porte la couturière puis la modiste, ensuite le tapissier, l'ébéniste pourra repasser d an dix ans. Quant à mon architecte, vite son compte, et mon dernier écu pour m'en débarrasser. Nécessairement ni beaux bals, ni soirées, ni grands dîners, ni beaux spectacles, ni beaux chevaux, ni beaux harnais, ni belles voitures, enfin le train réduit au quart; ma foi tant pis pour ceux qui vivent de ces excédants là! d'ailleurs, eux et leurs ouvriers paient le pain bon marché!

Mais si ni vous le cultivateur, ni moi le propriétaire, nous ne les employons, il faudra qu'ils périssent à ce bon marché-là! de là : gêne générale, crise commerciale, industrielle, financière, mécontentements, conspirations, assassinats, trop souvent révolutions.

Le tout parce que dans un cas le pain a valu cinq sols au lieu de quatre, et que dans l'autre au lieu de trois, il n'a valu que deux sols.

Eh bien! vous tous, bons Français, hommes d'ordre, dévoués à l'Empereur, qui, au prix des plus larges sacrifices, voudriez éviter de tels malheurs, vous êtes-vous demandé quelquefois si, pour votre part, il ne vous serait pas possible de les prévenir? Si, par des manœuvres simples mais sagement calculées, vous ne pourriez mieux régler cette production tantôt insuffisante, tantôt par trop surabondante. Je le sais, il en est beaucoup qui ont calculé l'avantage qu'eux-mêmes et la nation retirerait d'un plus grand équilibre; mais je n'en connais pas qui aient tiré de leurs réflexions des conclusions pratiques; permettez-moi donc de discuter devant vous cette question capitale.

Beaucoup de personnes, à qui les millions ne coûtent rien parce qu'elles n'ont pas à les payer, d'autres qui rejettent volontiers sur le voisin la responsabilité qu'elles ne voudraient pas prendre pour elles-mêmes, se sont occupées de cette grave question: presque toutes en ont vu la solution dans de fortes réserves, constituées par les années de surabondance, au profit des années de disette, à l'aide des deniers de l'Etat ou de grandes compagnies de crédit patronnées par l'Etat.

Il y a peut-être du bon dans tout cela ; mais je ne suis pas assez fort financier pour le démêler ; j'y vois beaucoup d'argent à dépenser par certains moments, beaucoup à recouvrer dans d'autres; bien des comptes obscurs à débarbouiller, bien des chances de détérioration pour les grains à emmagasiner ; puis je me défie toujours de ces systèmes qui mettent l'Etat à toute sauce, qui veulent le faire marchand de ceci, puis marchand de cela, assureur de maisons, de récoltes, de bestiaux, entrepreneur de transports et bien d'autres métiers encore, où il n'a que faire ; et volontiers quitte à ne pas être *sur le papier* aussi bien garanti, j'aime mieux encore me garantir tant bien que mal moi-même.

Ce n'est donc pas dans ces exagérations de réserves, immobilisant des milliards, que je vois le remède. Non, il est, suivant moi, tout entier dans nos mains, et il me semble d'autant plus sûr que notre intérêt personnel est étroitement lié à celui de la société. Seulement, il faut nous en si bien convaincre que nous agissions en conséquence.

Or, mes amis, vous êtes quelquefois allés chez des fabricants qui transforment la même matière en objets différents ; des tuiliers, par exemple, qui avec la même terre font des briques, des carreaux, de la tuile, des tuyaux de drainage, etc.

Si vous les avez interrogés sur leurs opérations, constamment il vous auront répondu : quand une marchandise fait défaut sur la place, c'est sur elle que nous portons nos efforts, tandis que nous diminuons la fabrication de celle qui est surabondante ou moins avantageuse.

Car l'une gagne toujours, l'autre perd parfois ; notre intérêt, qui est lié à celui du public, commande ; notre sentiment et notre connaisance des produits nous guident assez sûrement.

Mes amis, dans notre genre, nous sommes aussi des industriels. Eh bien ! nous voit-on imiter dans nos opérations la prudence des fabricants dont je viens de parler ? Quand le blé est rare, que par suite il est cher, qu'il y a probabilité qu'il se maintiendra cher à moins d'une année surabondante, mais c'est une exception, en semons-nous d'avantage? nous restreignons-nous, au contraire, quand il est bon marché?

Mon Dieu non ; qu'il soit rare, qu'il soit surabondant, on nous voit invariablement ensemencer un tiers de nos terres en blé, un tiers en avoine, le reste est en jachères ou en méchantes cultures de trèfles et de légumes, sans importance par le manque de soins et le peu d'étendue.

Est-ce sage? est-ce rationnel? Ce serait faire injure à votre jugement, qu'une fois le fait signalé, nous ne tombions pas d'accord.

Mais qui nous empêche donc d'en agir autrement? L'usage, me dira l'un; la nécessité des baux, qui dictent l'assolement, me dira l'autre. Et moi j'ajouterai à mon tour : la défiance que caresse la routine!

En effet, que vous ayez ignoré jusqu'ici les dangers que vos usages font courir à la société, c'est pardonnable, votre attention n'était pas éveillée. Mais n'est-ce pas de la routine que de semer avoine sur blé, vous savez bien que l'avoine est une céréale, que le blé en est une autre. Or, céréale sur céréale, c'est contraire à tous les principes d'une bonne agriculture, et quand je dis bonne, je veux dire qui donne les plus gros profits : pourquoi donc y persévérez-vous? Que nos pères l'aient fait, ils ne pouvaient mieux faire. Les machines, les chemins, la connaissance des plantes qui se succèdent en s'entr'aidant mutuellement, tout leur manquait à la fois, mais à nous il ne nous manque rien!

Eh bien! oui, dussiez-vous me honnir, j'oserai toucher à cette arche sainte qu'on appelle l'assolement triennal; et j'y toucherai pour la renverser, car, par ma propre pratique, j'ai appris le peu qu'elle vaut; je vous dirai : à tous égards vous êtes dans une voie détestable, travaillez donc à en sortir, et petit à petit, mais avec continuité et persévérance, affranchissez-vous de l'assolement triennal.

Maintenant, me demanderez-vous, quel assolement choisir?

Je ne suis pas, mes amis, de ces honnêtes charlatans de la foire qui ont le même remède pour les maux les plus différents, et qui, avec la même bouteille, guérissent les cors aux pieds, les coliques et le mal de dent.

Non, j'essaie d'être un médecin sérieux, qui ne donne son ordonnance qu'après avoir interrogé et ausculté son malade!

Comme tel, je vous confesserai donc que le choix d'un assolement, dépendant de la nature du sol que l'on cultive, de la quantité et de la qualité des prés qui y sont adjoints, du nombre et de l'espèce des bestiaux qu'on peut y entretenir, de sa position plus ou moins rapprochée d'un centre populeux, il est impossible de donner pour un même canton un assolement unique, qui convienne également pour toutes les parties, et cela je le crois si fermement que, dans mes cultures et sur la même ferme, je pratique trois assolements différents, parce que j'ai trois sortes de sols essentiellement distincts.

Je le vois, vous m'approuvez de cette réserve; mais alors si ma réserve mérite votre approbation, comment se fait-il que, pour toutes vos terres, vous ayez un assolement unique? vous voyez bien, il faut le modifier.

Cependant, si je ne veux pas trop généraliser en matière d'assolement, il est des principes fixes, dont on ne doit pas se départir, et je me permettrai de vous dire qu'au point de vue de la question si sérieuse qui nous occupe, les assolements dont vous ferez choix doivent être assez élastiques pour vous permettre, au moment opportun, de substituer une récolte à une autre.

J'ajouterai : chargez les bonnes terres, déchargez les mauvaises; que les artificielles et les plantes sarclées, les betteraves fourragères surtout, dont la culture devient aujourd'hui si facile avec les charmants instruments qui figurent à l'Exposition de Dijon, deviennent la base de vos opérations. Qu'elles occupent au moins la moitié de vos terres arables.

Quant à l'orge ou à l'avoine, continuez à les cultiver en concurrence du blé; mais entre les deux cultures intercalez toujours une artificielle ou une plante sarclée, au besoin une jachère dans les très mauvais sols.

Ne vendez jamais un atôme de paille, de fourrages verts ou secs, de racines, quelque prix d'ailleurs qu'on vous en offre; mais faites tout consommer. Dès lors votre bétail fera plus que doubler, et vos étables deviendront de véritables réserves, des greniers d'abondance, puissants auxiliaires contre la disette, sources considérables de profits et agents assurés de fertilisation.

Mais étudiez avec soin le rendement moyen de vos terres, et, à moins d'accidents tout à fait personnels ou locaux, imposez-vous pour règle invariable de vous tenir constamment rapprochés de ces moyennes en réglant les surfaces à ensemencer sur les déficits ou les excédants de la dernière récolte.

Par exemple, si les blés sont en déficit, empruntez une partie des terres à mettre en avoine pour semer un excédant de blé; s'ils sont en excédant, diminuez vos surfaces à ensemencer en blé et reportez-les sur les avoines, ce qui, plus que jamais, serait l'occasion cette année, ou bien faites-y des colzas ou même des artificiels. Mais agissez avec ensemble, surtout avec loyauté, et vous n'aurez plus à craindre ni la disette ni la surabondance.

Car, mes amis, ne soyez pas de ces esprits timides qui se laissent aller à croire que ces deux terribles fléaux produisent instantanément leurs effets. Non; il faut plusieurs mauvaises récoltes pour avoir la famine. En effet, dans les périodes d'années moyennes, soit par les arrivages de l'étranger, soit par l'espoir qu'ont beaucoup de cultivateurs ou de marchands de voir les blés augmenter, il reste toujours, au moment de la moisson, trois mois environ de vieux blés qui constituent une réserve égale. Mais ce que je vous en dis, vous en avez la preuve dans vos propres usages, quand les blés sont au prix moyen, vous ne vous pressez ni de battre, ni de vendre; ce n'est qu'à l'hiver que vous faites ces deux opérations; et, sauf quelques pauvres manœuvres qui s'empressent de vendre leur excédant pour se faire un peu d'argent, sur quoi vit-on donc jusque-là? Il faut bien que ce soit sur les blés anciens.

Or, sachez-le bien, et les douanes sont là pour nous le dire, jamais, au grand jamais, le déficit sur une seule année, quelque mauvaise qu'elle soit, ne descend jusqu'à trois mois, par conséquent une seule mauvaise année n'amène pas la famine.

Mais gare une seconde, surtout une troisième, si elles arrivent avant la reconstitution des réserves, elles pèseront alors de tout leur poids.

Autrefois c'était la famine, le désespoir, les maladies, la mort ! Aujourd'hui, grâce aux chemins de fer, aux bateaux à vapeur, à l'extension des relations commerciales, ce n'est plus que la gêne, l'appauvrissement, l'affaiblissement du pays, maux bien moins cruels que ceux qu'avaient à supporter nos pères, mais encore trop grands pour ne pas lutter contre eux. Et, pour y parer, je vous ai dit ce qu'il y a à faire : après une mauvaise année, semez plus de blé qu'en temps ordinaire, et calculez cette augmentation sur le déficit que vous aurez subi.

Quand à la surabondance, plus que la disette elle semble insidieuse, car elle se produit par une série de causes complexes, dont les unes sont naturelles, les autres commerciales et gouvernementales.

Je vous ai déjà parlé des moyens de pallier aux causes naturelles ; je vous ai dit : après une année surabondante, semez moins de blé, et la marchandise étant plus rare, les prix se soutiendront.

Quant aux causes commerciales et gouvernementales, nous en serons les maîtres quand nous le voudrons, mais il faut pour cela que le passé nous serve de leçon.

Or, ce passé, voulez-vous me permettre de vous le retracer ? Mieux que tous autres, vous savez que 1853, 1855 et 1856 ont été des années déplorables, que des ouragans terribles, des pluies diluviennes, des inondations épouvantables sont venues hacher ou pourrir les récoltes de nos belles vallées; mais pendant que nous étions écrasés, les hauts plateaux, un sol sec et caillouteux, la Brie, la Champagne, la Normandie et d'autres provinces encore, à l'abri de ces intempéries, faisaient des récoltes admirables et atteignaient le plus haut degré de prospérité ; si bien que pour quelques cultivateurs qui, comme nous, avaient toutes les mauvaises chances, un très-grand nombre faisait des affaires magnifiques.

Or, en gouvernement on ne compte que par masse et non pas en détail, et finalement pendant que l'agriculture, considérée dans son ensemble pour un déficit relativement faible, gagnait 75 pour cent en sus de ses prix ordinaires, l'ouvrier, même le petit rentier et le petit employé surtout, souffrait horriblement et criait encore plus. Touché de ces souffrances, l'Empereur voulut faire de la justice distributive, et pour but de ses efforts il se proposa la réduction du prix des denrées. De là, les décrets donnant l'entrée en franchise aux blés étrangers et défendant la sortie et la dénaturation des blés français : tout cela était bon ! était indispensable pour lutter contre la disette. Mais, vous le savez, *chat échaudé craint l'eau fraîche*, et, tout empereur qu'on est, on s'applique le proverbe.

Aussi l'Empereur ne crut-il la France garantie qu'après la reconstitution d'immenses réserves : et, pour y parvenir plus vite, maintint-il les décrets, même en présence de la surabondance de 1857 ; il est vrai qu'une fois les prix avilis, il abrogea celui qui était relatif à la prohibition et à la sortie, mais il laissa l'autre en vigueur et il l'est encore. Cependant 1858 est arrivé avec un nouvel et immense excédant, les blés étrangers continuent à entrer et les prix ne vont qu'en s'avilissant de plus belle.

Maintenant, comment devons-nous juger ces actes du souverain ? Mes amis, beaucoup d'entre vous ont des enfants ; or, quel est celui qu'ils préfèrent ? N'est-ce pas toujours celui qui est malade ou malheureux ? Qu'ils pensent à cela ? Alors ils comprendront l'Empereur ! et ne lui en voudront pas trop ! Mais tout ceci nous prouve qu'il ne faut pas avoir de frères ou de sœurs malades, surtout par notre faute, qu'il faut en conséquence bien cultiver nos champs, car c'est le seul moyen de donner à l'Empereur foi en nous, et quand il aura confiance, soyez en sûrs, il ne jouera plus si fort à la baisse et laissera courir nos blés là où ils trouveront acheteurs.

Or, mes amis, rien n'inspirera plus de confiance à l'Empereur que de vous voir adopter des pratiques qui tendront à maintenir l'équilibre dans la production et le prix des denrées, car il y verra un nouveau gage de tranquillité et de prospérité pour le pays, et de bonheur pour vous mêmes, que dans le fond de son ame il préfère à tous autres.

Sans enthousiasme comme sans dédain méditez ces conseils, complètez les, réformez les à l'aide de votre vieille expérience; le but est digne de vous. Déjà deux fois par votre sagesse vous avez sauvé la France; eh bien ! c'est la sauver encore, en vous sauvant vous-mêmes, que de la garantir des fléaux de la disette et de la surabondance; et si, comme je le crois, il est donné à l'homme de le faire, c'est à vous !

www.ingramcontent.com/pod-product-compliance
Ingram Content Group UK Ltd.
Pitfield, Milton Keynes, MK11 3LW, UK
UKHW021601260726
13993UKWH00002B/981

9 782329 279657